Lineare Funktionen und Gleichungssysteme

Typische Aufgabenstellungen an Beispielen erklärt

von Ewald Bamberger

Bibliografische Information der Deutschen Nationalbibliothek:

Die Deutsche Nationalbibliothek verzeichnet diese Publikation

in der Deutschen Nationalbibliografie; detaillierte bibliografische

Daten sind im Internet über http://dnb.dnb.de abrufbar.

Herstellung und Verlag:

BoD – Books on Demand, Norderstedt

ISBN: 978-3744854245

Inhaltsverzeichnis

Prolog

In diesem Buch möchte ich das Rechnen mit linearen Gleichungen, linearen Funktionen und linearen Gleichungssystemen vorstellen.

Ich werde mich dabei beschränken auf solche Gleichungen, in denen eine Variable oder aber zwei Variablen auftreten.

Diese Themen werden innerhalb der zweiten Hälfte der Sekundarstufe I, in den Klassenstufen 8, 9 und 10 behandelt.

Die Theorie werde ich nur berühren und kurz zur Darstellung bringen. Dieses Buch will den Unterricht der Schulen ergänzen, nicht ersetzen.

Im Vordergrund und Mittelpunkt dieses Buches stehen die typischen Aufgabenstellungen und Methoden, die es zu lernen gilt.

Zentrale Begriffe werden sein: Gleichung, Variable, Parameter, Gerade, Funktion, Funktionsterm, Argument, Funktionswert, Steigung(sdreieck), Achsenabschnitt, Nullstelle, Schnittpunkt, Einsetzungsverfahren, Gleichsetzungsverfahren, Additionsverfahren, Determinante, Cramersche Regel.

Das primäre Ziel besteht für mich darin, diese Themen so darzustellen, sodass sie für dich, den Leser oder die Leserin, verständlich sind.

Ich werde daher den gesamten Text in kleinen Portionen auf die einzelnen Seiten dieses Buches verteilen.

Lerne Schritt für Schritt, Portion für Portion, indem du die Aussagen und Beispiele genau betrachtest und, wenn nötig, mehrfach wiederholst.

Versuche dann deine Kenntnisse auf die Aufgaben-stellungen des Unterrichts in deiner Schule anzuwenden.

Dieses Buch will den Unterricht der Schule, wie gesagt, ergänzen. Es ist daher insbesondere entscheidend, dass du dich im Unterricht beteiligst.

Dadurch erhältst du im mündlichen Bereich eine bessere Note, kannst eher mitreden, wenn der Lehrer oder die Lehrerin etwas fragt und du nimmst dir selbst etwas den Druck, kannst gelassener die Klassenarbeiten angehen.

Nun wünsche ich dir mit diesem Buch viel Erfolg!

Gleichungen

Gleichungen in der Mathematik sind entweder Aussageformen oder Aussagen. Aussagen können wahr sein oder unwahr.

Zum Beispiel ist 17 = 17 eine wahre Aussage. Jedoch, wenn wir Einheiten hinzufügen, etwa 17 cm = 17 m, dann ergibt sich eine unwahre Aussage.

Eine Gleichung, die einen Buchstaben enthält, zum Beispiel $x + 3 = 8$, ist keine Aussage, sondern eine Aussageform.

Je nachdem, welche Zahl man für den Buchstaben, hier den Buchstaben x, einsetzt, ergibt sich dann entweder eine wahre Aussage oder aber eine unwahre Aussage.

Setzen wir zum Beispiel die Zahl 4 für den Buchstaben x ein, so erhalten wir die unwahre Aussage $4 + 3 = 8$. Setzen wir hingegen die Zahl 5 für den Buchstaben x in die Aussageform ein, bekommen wir eine wahre Aussage, nämlich $5 + 3 = 8$.

Eine Gleichung, die einen Buchstaben enthält, zu lösen, bedeutet, jene Zahlen zu finden, für die die Aussageform in eine wahre Aussage übergeht.

Buchstaben nennen wir in der Mathematik manchmal Variable und manchmal Parameter. Den Unterschied werden wir weiter unten im Text noch kennenlernen.

Lineare Gleichungen nun, um diese geht es ja in diesem Buch, sehen im einfachsten Fall etwa so aus:

$$3x - 6 = 0$$

Diese Gleichung ist linear, weil in ihr der Buchstabe x lediglich in der 1. Potenz vorkommt. Du wirst im Verlauf deiner Schulzeit wahrscheinlich auch Gleichungen kennenlernen, in denen zum Beispiel ein x^2 auftaucht (lies: x quadriert).

Mit solchen Gleichungen wollen wir uns in diesem Buch nicht beschäftigen. In den Gleichungen dieses Buches, den linearen Gleichungen, stehen die Buchstaben zudem immer im Zähler und nie im Nenner eines Bruches.

$$3x - 6 = 0$$

Lass uns diese Gleichung noch einmal betrachten. In dieser Gleichung sehen wir einen Buchstaben, nämlich den Buchstaben x. Dieser wird nicht quadriert. Er steht zudem im Zähler. Würde er im Nenner stehen, sähe dies so aus:

$$\frac{3}{x} - 6 = 0$$

Ansonsten werden in unserer Gleichung keine Operationen vollzogen, also keine Sachen gemacht, die uns beunruhigen müssten.

$$3x - 6 = 0$$

Der Buchstabe x wird lediglich mit der Zahl 3 multipliziert, anschließend (Punkt vor Strich) wird die Zahl 6 subtrahiert. Das Ergebnis dieser Rechnung soll dann 0 ergeben.

Entweder man sieht nun quasi sofort, dass für die Variable x die Zahl 2 einzusetzen ist, damit eine wahre Aussage entsteht. Denn:

$$3 \cdot 2 - 6 = 0$$

Oder aber wir nehmen zwei Umformungen vor, die die Gleichung jeweils vereinfachen. Wir könnten zum Beispiel zunächst einmal auf beiden Seiten der Gleichung die Zahl 6 addieren. Dann passiert das:

$$3x - 6 = 0$$

$$\Rightarrow 3x - 6 + 6 = 0 + 6$$

$$\Rightarrow 3x = 6$$

Diese Gleichung sieht doch schon etwas freundlicher aus. Wir können überlegen. Welche Zahl muss man mit 3 multiplizieren, um das Ergebnis 6 zu erhalten? Nun, dies ist natürlich die Zahl 2.

Wir können aber auch eine weitere Umformung vornehmen. Nun dividieren wir beide Seiten der Gleichung durch 3, denn 3 ist der Faktor (Koeffizient) vor dem x:

$$3x = 6$$

$$\Rightarrow 3x : 3 = 6 : 3$$

$$\Rightarrow x = 2$$

So, nun haben wir's aber. Die Zahl 2 löst die Gleichung 3x – 6 = 0. Denn bei Einsetzung dieser Zahl für die Variable x erhalten wir eine wahre Aussage.

$$3 \cdot 2 - 6 = 0$$

Die Zahl 2 ist auch die einzige Lösung unserer Gleichung. Lineare Gleichungen mit einer Variablen (oder: in einer Variablen) haben immer genau eine Lösung.

Ach so, ich hatte dir ja versprochen, den gesamten Text in kleine Portionen aufzuteilen. Daher machen wir nun besser eine Pause.

Du kannst gern eine Pizza essen gehen oder dich etwas ausruhen, ich warte hier solange auf dich. Aber du musst auch wiederkommen, ja?

Also dann, weiter geht's. Bisher haben wir nur eine lineare Gleichung mit **einer** Variablen behandelt. Die linearen Gleichungen mit einer Variablen stellen aber eigentlich einen Spezialfall der linearen Gleichungen mit **zwei** Variablen dar.

In den linearen Gleichungen mit zwei Variablen haben wir es mit zwei (unterschiedlichen) Buchstaben zu tun. Ich gebe dir wieder ein Beispiel:

$$2x + 4y = 10$$

Um es gleich vorweg zu nehmen, eine solche Gleichung besitzt nicht nur eine Lösung, sondern ziemlich viele, genau genommen sogar unendlich viele.

Wenn wir zum Beispiel für das x die Zahl 1 einsetzen und für das y die Zahl 2 einsetzen, erhalten wir eine wahre Aussage, denn $2 \cdot 1 + 4 \cdot 2 = 10$. Gecheckt?

Wir können auch für x die Zahl 3 einsetzen und für y die Zahl 1, auch dann ergibt sich eine wahre Aussage, nämlich $2 \cdot 3 + 4 \cdot 1 = 10$.

Wenn wir sagen, dass es unendlich viele Möglichkeiten gibt, eine wahre Aussage zu erhalten, so bedeutet dies aber nicht, dass wir beliebig alle Zahlenpaare einsetzen können, die uns in den Sinn kommen. Das heißt, einsetzen können wir sie schon, aber wahre Aussagen werden wir meist nicht erhalten.

Setzen wir zum Beispiel für x die Zahl 26 ein und für y die Zahl -10, so erhält der Term auf der linken Seite der Gleichung folgenden Wert:

$$2 \cdot 26 + 4 \cdot (-10) = 52 - 40 = 12$$

Das Ergebnis 12 ist aber nun einmal ein anderes als das Ergebnis 10. 10 aber sollte doch als Ergebnis des Terms auf der linken Seite der Gleichung herauskommen. Das Zahlenpaar ($x = 26 | y = -10$) oder kurz ($26 | -10$) ist also keine geeignete Lösung der Gleichung $2x + 4y = 10$.

Weiter oben im Text hatten wir aber bereits 2 Lösungen der Gleichung erhalten, nämlich die Zahlenpaare ($1 | 2$) und ($3 | 1$).

Diese Zahlenpaare können wir als Punkte in einem Koordinatensystem veranschaulichen. Damit werden wir uns im Kapitel über die linearen Funktionen noch auseinandersetzen.

Als nächstes möchte ich mit dir die sogenannte *allgemeine Form* einer linearen Gleichung (in zwei Variablen) ansehen und behandeln. Du musst nun sehr stark sein. Es werden weitere Buchstaben, die Parameter, hinzukommen. Am besten, du machst zunächst eine kurze Pause und kommst dann mit frischen Kräften wieder her. Bis dann!

Also, jetzt kommt das mit den Variablen und den Parametern. Ich hatte dich ja gewarnt. ☺

Eine lineare Gleichung in zwei Variablen in allgemeiner Form sieht gewöhnlich so aus:

$$ax + by = c$$

Ich stelle mir gerade vor, dass du jetzt denkst:

Hey, so viele Buchstaben. Ich versteh' gerade gar nix. Tut's nicht ein einfaches, schlichtes x? Und warum jetzt fünf Buchstaben? Ich dachte, es sei eine Gleichung in zwei Variablen!?

Ja, gut beobachtet! Aber ein wenig Theorie hatte ich dir ja auch versprochen. Also, die Buchstaben a, b und c sind hier keine Variablen, sondern Parameter. Zur Unterscheidung verwenden wir für Parameter Buchstaben, die ganz vorn im Alphabet zu finden sind. Für die Variablen hingegen solche Buchstaben, die ziemlich weit hinten im Alphabet stehen.

Die Gleichung ax + by = c ist nur die Form, die typische Gestalt einer linearen Gleichung. In einem jeden konkreten Fall hat man dann aber anstelle der Parameter a, b und c bestimmte Zahlen, durch welche sich die Gleichungen voneinander unterscheiden.

Mir fällt gerade kein besserer Vergleich ein. Wir Menschen haben auch quasi die gleiche Form, die gleiche Gestalt (abgesehen von der Unterschiedlichkeit der beiden Geschlechter). Wir haben einen Körper mit einem Kopf oben drauf. Wir haben, normalerweise, zwei Arme und zwei Beine, Hände und Füße, Augen und Ohren und so weiter. Das sind quasi alles Parameter.

Wie diese Parameter aber im konkreten Fall ausgeprägt sind, ist eine andere Frage. Es gibt lange Arme und kurze Arme. Große Füße und kleine Füße. Blaue Augen und grüne Augen. Schwarze Haare und rote Haare. Daher unterscheiden wir Menschen uns untereinander, obwohl wir einander doch auch recht ähnlich sind.

So ist es auch mit den linearen Gleichungen in zwei Variablen in allgemeiner Form. Die sind untereinander alle verschieden und doch einander ähnlich. Ich gebe dir einige Beispiele, wobei ich die Form voranstelle.

$$ax + by = c$$

$$3x + 2y = 8$$

$$-5x + 7y = -11$$

$$9x + (-4)y = 17$$

Gecheckt? Das hoffe ich doch. Wenn nicht, dann musst du, wohl oder übel, die letzten Seiten noch einmal, aber gaaanz langsam lesen und verinnerlichen.

Kurze Pause gefällig? Okay, das passt recht gut, da ich gleich einen Termin habe, den ich nicht versäumen möchte. Also dann, bis später!

Bin wieder da. Wo waren wir stehen geblieben? Ach ja, bei den linearen Gleichungen mit zwei Variablen in allgemeiner Form. Zur Erinnerung:

$$ax + by = c$$

Wenn ich mich recht erinnere, habe ich bereits darauf hingewiesen, dass die linearen Gleichungen mit einer Variablen als Spezialfälle linearer Gleichungen mit zwei Variablen aufgefasst werden können. (Aber ich kann mich täuschen, bin ja nun auch nicht mehr der Jüngste.) Jedenfalls könnte ja zum Beispiel für das b in der Gleichung $b = 0$ gelten. Dann würde aus der Gleichung $ax + by = c$ die Gleichung $ax = c$ werden. In dieser Gleichung tritt nur noch die Variable x auf. Eine weitere Möglichkeit besteht darin, etwa für die Variable x einen Wert einzusetzen und dann auszurechnen, welchen Wert die Variable y annehmen muss, damit die Gleichung aufgeht.

Nehmen wir etwa die Gleichung 3x + 4y = 12. Setzen wir hier zunächst für x zum Beispiel den Wert -4 ein, so erhalten wir die Gleichung 3·(-4) + 4y = 12. Nun formen wir diese Gleichung noch ein wenig um.

$$3 \cdot (-4) + 4y = 12$$

$$\Rightarrow -12 + 4y = 12$$

Wir addieren auf beiden Seiten die Zahl 12.

$$-12 + 4y = 12$$

$$\Rightarrow 4y = 24$$

Wir haben es nun also mit einer linearen Gleichung mit nur noch einer Variablen zu tun. Division auf beiden Seiten durch 4 liefert y = 6 und somit eine Lösung der ursprünglichen Gleichung 3x + 4y = 12, nämlich das Zahlenpaar (-4|6).

Also, noch einmal kurz zusammengefasst – falls du gerade ein kleines Nickerchen gehalten und den roten Faden verloren hast:

Aus einer linearen Gleichung mit zwei Variablen in allgemeiner Form, also ax + by = c, wird eine lineare Gleichung mit einer Variablen, wenn man entweder für einen der beiden Parameter a oder b eine 0 einsetzt oder aber für eine der beiden Variablen x oder y eine beliebige Zahl einsetzt.

Funktionen

Wie gelangen wir nun von den linearen *Gleichungen* mit zwei Variablen in *allgemeiner Form* zu den linearen *Funktionen* in *Normalform*? Dieser Frage möchte ich in diesem Kapitel zunächst nachgehen.

Wir gehen aus von der allgemeinen Form linearer Gleichungen mit zwei Variablen und formen diese ein wenig um.

$$ax + by = c$$

In Hinblick auf die linearen Funktionen müssen wir den Fall, dass b = 0 sein könnte, ausschließen, da wir in Kürze durch eben diesen Parameter b dividieren werden. Zuvor aber subtrahiere ich ax auf beiden Seiten der Gleichung.

$$ax + by = c$$

$$\Rightarrow by = -ax + c$$

Nun dividiere ich, wie angekündigt, durch b.

$$by = -ax + c$$

$$\Rightarrow y = -\frac{a}{b}x + \frac{c}{b}$$

Dies ist nun im Grunde schon eine lineare Funktion in Normalform, aber noch stören mich die Brüche.

Daher führe ich neue Parameter ein. Warum nicht Buchstaben in etwa aus der Mitte des Alphabets? Ich setze - $\frac{a}{b}$ = m und $\frac{c}{b}$ = n. Dann lautet die lineare Funktion in Normalform:

$$y = mx + n$$

Sehr hübsch. Eventuell wird diese Gleichung in deinem Schulunterricht in der Form y = mx + b angegeben. Dies muss dich nicht weiter irritieren. Ich bevorzuge hier die Schreibweise mit dem Parameter n, da der Parameter b ja bereits in der allgemeinen Form der linearen Gleichung mit zwei Variablen Verwendung fand.

Was bedeutet es nun, wenn wir in Hinblick auf die Gleichung y = mx + n von einer Funktion sprechen? Dies ist die nächste Frage, auf die ich eingehen möchte.

Nun, wir können für die Variable x jede erdenkliche Zahl einsetzen. Und immer erhalten wir auf der anderen Seite eindeutig einen passenden Wert für y, den sogenannten Funktionswert. Entscheidend ist hier die Eindeutigkeit. Wir erhalten also nicht für einen und denselben Wert für x mehr als einen Wert für y, sondern immer genau einen Wert für y. Wir sprechen daher von einer eindeutigen Zuordnung.

Ja, du hast ganz recht, wir sollten uns dies an einem Beispiel ansehen. Warum bin ich nicht schon längst selbst darauf gekommen?

Also, ich wähle als Beispiel folgende lineare Funktion.

$$y = 4x + 5$$

Der Parameter m hat hier den konkreten und festen Wert 4, der Parameter n hat den konkreten und festen Wert 5. Die Bedeutung dieser Parameter werden wir uns später noch ansehen.

Der Term auf der rechten Seite der Gleichung ist der Funktionsterm. Die Variable x im Funktionsterm ist die sogenannte unabhängige Variable.

Auf der anderen Seite der Gleichung steht die abhängige Variable y. Sie ist von der unabhängigen Variablen x abhängig.

Setze ich zum Beispiel für die unabhängige Variable x den Wert 3 ein, erhalte ich mit dem Funktionsterm für die abhängige Variable y den Funktionswert 17.

$$y = 4x + 5$$

$$\Rightarrow 17 = 4 \cdot 3 + 5$$

Dieser Funktionswert 17 aber ist eindeutig. Dem Wert x = 3 wird also eindeutig der Wert y = 17 zugeordnet. Dasselbe gilt für alle anderen Werte für x.

Da die Variable y von der Variablen x abhängt, hat sich auch die Schreibweise y = f(x) durchgesetzt. Wir lesen dies so: *y gleich f von x.* Die Variable x wird auch häufig Argument der Funktion f genannt. Frag' mich bitte nicht, weshalb!? In Hinblick auf die graphische Veranschaulichung der linearen Funktionen im Koordinatensystem, sprechen wir auch von der Stelle x. f(x) ist also der Funktionswert y der Funktion f an der Stelle x.

Okay, ich brauche eine Pause. Vielleicht gehe ich ein Stück spazieren und überlege mir, wie ich nun weiterschreibe. Du kannst dir auch Gedanken machen, ob du bisher alles gut verstanden hast. Wenn nicht, dann frag' ruhig - aber nicht die Sache mit dem Argument. ☺ Da müsste ich selbst erst ein wenig forschen, wer sich das warum ausgedacht hat.

Weiter geht's. Ich war tatsächlich spazieren. Mir kam der Gedanke, dass du nun vielleicht gern mehr erfahren möchtest über die beiden Parameter m und n. Um dieser Fragestellung nachgehen zu können, schauen wir uns ein Beispiel an. Ich wähle also eine lineare Funktion in Normalform. Da ich auf dieser Seite nicht mehr viel Platz zur Verfügung habe, notiere ich die Funktion auf der nächsten Seite.

$$f: f(x) = y = 3x + 2$$

Das ist die Funktion, oder besser die Funktions-gleichung. Der Parameter m hat hier den festen Wert $m = 3$. Für den Parameter n gilt $n = 2$.

Wir hatten gesehen, dass die Funktion f jedem Argument x eindeutig einen Funktionswert y zuordnet. Berechnen wir doch mal einige Werte für y und notieren die Wertepaare in einer Wertetabelle.

x	-3	-2	-1	0	1	2	3	4	5
y	-7	-4	-1	2	5	8	11	14	17
m	→ +3	→ +3	→ +3	→ +3	→ +3	→ +3	→ +3	→ +3	→ +3

In dieser Tabelle habe ich die Werte für die unabhängige Variable x vorgegeben. Ich habe ganzzahlige Werte gewählt. Dann habe ich die zugehörigen, eindeutig bestimmten Funktionswerte y mit dem Funktionsterm berechnet.

Auffällig ist, dass die Funktionswerte jeweils um 3 Einheiten zunehmen, wenn die Werte der Argumente jeweils um 1 Einheit zunehmen.

Dies liegt hier natürlich daran, weil m = 3 gilt. Der Parameter m gibt also an, um wie viel die Funktionswerte wachsen (oder fallen), wenn die Werte der Argumente um 1 (eine Einheit) zunehmen.

Wir nennen daher den Parameter m die Wachstumsrate oder Steigung der linearen Funktion f: f(x) = y = mx + n. Die Wachstumsrate oder Steigung einer linearen Funktion kann sowohl positiv sein als auch negativ. Ist sie positiv, so sagen wir, dass die Funktionswerte wachsen oder steigen. Ist sie negativ, so sagen wir, dass die Funktionswerte fallen.

Eine zweite wichtige Beobachtung an der Tabelle betrifft den Parameter n. Ich habe eines der Wertepaare im Fettdruck hervorgehoben, vielleicht hast du es schon bemerkt. An der Stelle x = 0 haben wir den Funktionswert y = 2 erhalten. Nun, dies liegt freilich daran, weil n = 2 gilt.

Was bedeutet dies? Dies bedeutet, dass der Graph, der die lineare Funktion y = 3x + 2 veranschaulicht, die Ordinate, also die sogenannte Y-Achse, in der Höhe y = 2 schneidet. Es ist nun an der Zeit, dass wir uns den Graphen der linearen Funktion y = 3x + 2 einmal ansehen. Wegen des gleichmäßigen Wachstums der Funktion von immer 3 Einheiten, können wir davon ausgehen, dass der Graph geradlinig verlaufen wird.

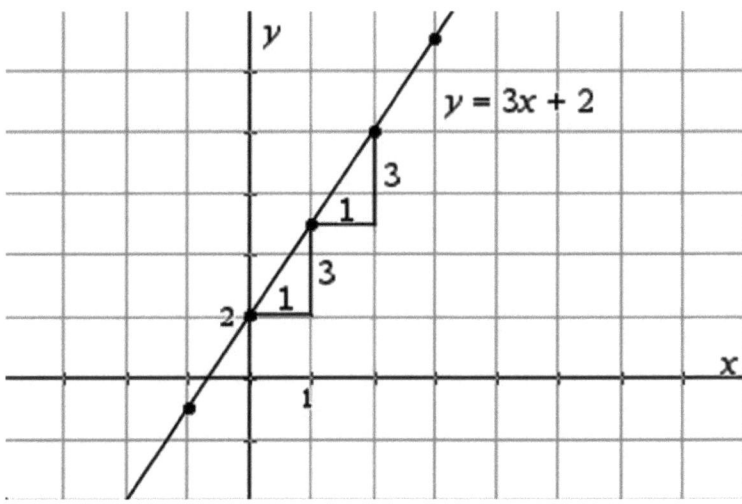

In dieser Abbildung sehen wir den Graphen der linearen Funktion f: f(x) = y = 3x + 2.

Wir erkennen, dass der Graph, eine Gerade, durch jene Punkte verläuft, die wir in der Wertetabelle berechnet haben. Der Schnittpunkt mit der Y-Achse ist der Punkt SY(0|2), denn n = 2. Die Strecke auf der Y-Achse, die den Ursprung O des Koordinatensystems mit diesem Punkt SY verbindet, nennen wir den Y-Achsenabschnitt. Die Steigung m = 3 der Geraden lässt sich gut aus den Steigungsdreiecken ablesen, die ich zusätzlich eingezeichnet habe. Geht man von einem Punkt der Geraden 1 Einheit nach rechts und dann 3 Einheiten nach oben, gelangt man wieder zu einem Punkt der Geraden.

Wir sind an einem Punkt angelangt, an dem vielleicht der eine Leser oder die andere Leserin den Eindruck gewinnt, nicht mehr so ganz folgen zu können. Ich kenne es aus eigener Erfahrung, dass irgendwann, früher oder später, der Kontakt zwischen Autor und Lesern verloren gehen kann.

Falls es dir auch so geht, dass du gerade durchhängst und nicht mehr mitkommst, könntest du folgendes tun. Du könntest mit dem Lesen dieses Buches noch einmal etwas weiter vorn beginnen, an einer Stelle, wo dir noch alles klar war. Beim erneuten Lesen, auch dies ist meine Erfahrung, werden die Inhalte und Aussagen dann häufig verständlicher.

Du könntest aber auch einfach weiterlesen. Denn in dem folgenden Kapitel, den typischen Aufgabenstellungen, wird im Grunde das, was wir bisher angesprochen und besprochen haben, noch einmal wiederholt und an Beispielen vertieft werden.

An dieser Stelle möchte ich abschließend gern noch die folgenden beiden Tatsachen hervorheben. Durch die jeweilige Wahl der Parameter m und n sind Geraden im Koordinatensystem (KOS) gegeben. Einzelne Punkte aber auf diesen Geraden sind jene Wertepaare (x|y), die die Funktionsgleichung lösen.

Aufgabentyp I

Eine lineare Funktionsgleichung und ein Argument sind gegeben. Der Funktionswert wird berechnet.

Nehmen wir uns also eine konkrete lineare Funktionsgleichung und ein Argument vor.

$$f\colon f(x) = y = 3x - 4 \text{ und } x = 5$$

Durch die Wahl der Parameter $m = 3$ und $n = -4$ ist eine bestimmte Gerade im Koordinatensystem gegeben. Sehen wir uns die Gerade hier einmal an.

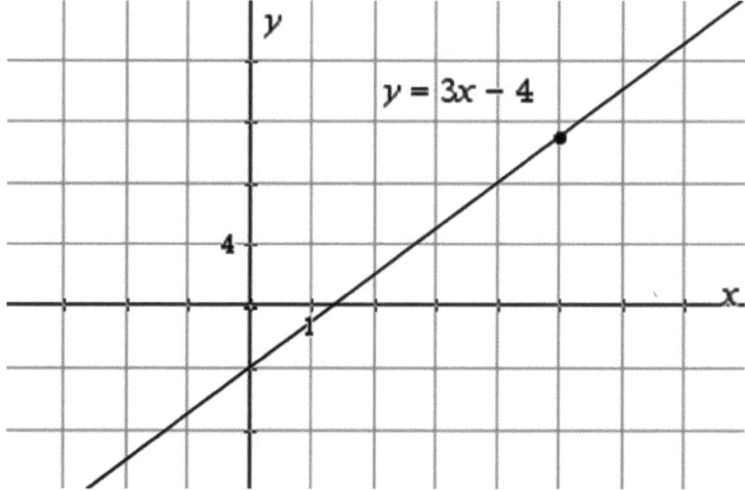

Da wir uns nun für den Punkt auf der Geraden an der Stelle $x = 5$ interessieren, können wir die Koordinaten dieses Punktes in etwa am Graphen ablesen.

Der Funktionswert f(5) scheint in etwa 11 zu betragen. Gewissheit bekommen wir, indem wir das Argument x = 5 in den Funktionsterm 3x - 4 einsetzen und den Wert dieses Terms berechnen. Also machen wir das doch gerade einmal.

$$f(5) = 3 \cdot 5 - 4 = 11$$

Die Rechnung hat unsere Vermutung bestätigt. Folglich liegt also der Punkt (5|11) auf der Geraden zur Funktion f: f(x) = y = 3x - 4.

Ich sage jetzt nicht, dass du an dieser Stelle ruhig eine Pause einlegen solltest. Du bist ja alt genug, dies eigenständig entscheiden zu können. Falls du aber das Bedürfnis hast, ein wenig auszuruhen oder etwas anderes zu machen, wäre es gut, die Pause nicht zu sehr auszudehnen. Erfahrungsgemäß gelingt der Wiedereinstieg besser, wenn er zeitnah erfolgt.

Auf den beiden nächsten Seiten möchte ich mir mit dir ein weiteres Beispiel dieses Aufgabentyps ansehen. In diesem Beispiel werden wir zugleich der Frage nachgehen, wie es sich auf das Steigungsdreieck auswirkt, wenn der Parameter m, der ja die Steigung der Geraden bestimmt, als Bruch gegeben vorliegt.

Nun also, wie versprochen, ein weiteres Beispiel für den Aufgabentyp I. Ich wähle folgende Funktion.

$$f: f(x) = y = \frac{2}{5}x + 2 \text{ und } x = -5$$

Wieder zeichne ich zunächst die Gerade dieser Funktion. Wie man das am besten macht, werden wir noch in einem anderen Aufgabentyp erfahren.

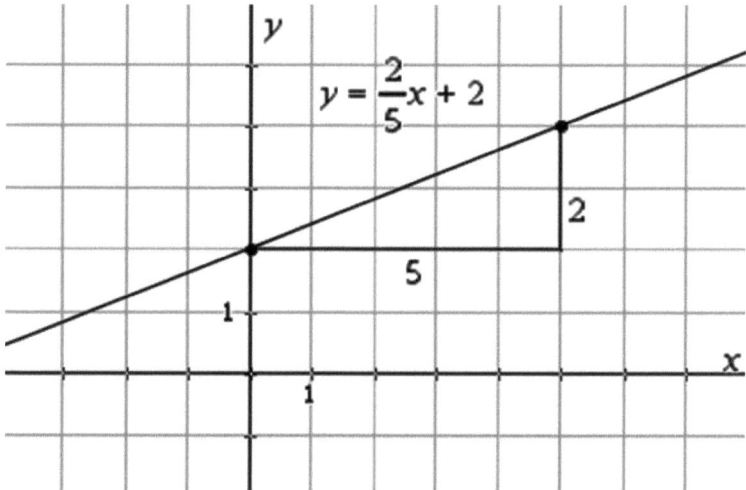

Bevor wir den Funktionswert der Funktion f an der Stelle x = -5 berechnen, werfen wir einen Blick auf das eingezeichnete Steigungsdreieck. Da die Steigung in diesem Beispiel m = $\frac{2}{5}$ = 0,4 beträgt, hätte ich das Steigungsdreieck so einzeichnen können, dass ich 1 Einheit nach rechts und dann 0,4 Einheiten nach oben gewandert wäre. Die Zeichnung aber wäre ungenau.

Einfacher und präziser geht es, wenn ich mir zunächst die Steigung m = $\frac{2}{5}$ genauer ansehe. Da stehen eine 5 im Nenner und eine 2 im Zähler des Bruches. Deshalb ging ich, ausgehend vom Y-Achsenabschnitt n = 2, im KOS 5 Einheiten nach rechts und dann 2 Einheiten nach oben. Dort gelangte ich wieder zu einem Punkt der Geraden mit ganzzahligen Koordinaten. Das entsprechende Steigungsdreieck kannst du in der Abbildung auf der vorigen Seite nochmal nachvollziehen.

Nun lass uns noch den Funktionswert der Funktion f an der Stelle x = -5 berechnen. So, wie ich die Gerade gezeichnet habe, haben wir ohnehin keine Möglichkeit, den Funktionswert am Graphen abzulesen. Ich setze x = -5 in die Funktionsgleichung ein.

$$f(-5) = \frac{2}{5} \cdot (-5) + 2 = -2 + 2 = 0$$

Die Funktion f hat an der Stelle x = -5 also den Funktionswert f(-5) = 0. Somit liegt der Punkt (-5|0) auf der zu f gehörenden Geraden. Nebenbei haben wir damit auch, eher zufällig, die sogenannte Nullstelle der Funktion f ermittelt. x = -5 ist Nullstelle der Funktion f, da sie an dieser Stelle den Wert 0 annimmt. Die Gerade schneidet an dieser Stelle die Abszisse, also die X-Achse.

Aufgabentyp II

Eine lineare Funktionsgleichung und ein Funktionswert sind gegeben. Das Argument wird berechnet.

War im Aufgabentyp I der Wert des Arguments x gegeben und der Funktionswert y zu berechnen, so machen wir es nun also umgekehrt.

Ich gebe uns eine lineare Funktionsgleichung vor.

$$f: f(x) = y = -2x - 6$$

Hier gilt m = -2 und n = -6. Die zugehörige Gerade im KOS hat also die negative Steigung -2 und sie schneidet die Ordinate (Y-Achse) in der Höhe y = -6.

Nun möchte ich gern wissen, an welcher Stelle x die Funktion f den Funktionswert **y = 12** annimmt.

Auch in dieser Richtung bekommen wir bei den linearen Funktionen zumeist ein eindeutiges Ergebnis.

Ausnahmen bilden solche Geraden, die parallel zur Abszisse (X-Achse) verlaufen. Die sehen wir uns später als Sonderfall an.

Also, zurück zur Aufgabe. Wenn y = 12 gelten soll, so ergibt sich zwangsläufig folgende Gleichung.

$$y = 12 = -2x - 6$$

Diese Gleichung müssen wir nun nach x auflösen.

Ich beginne damit, dass ich auf beiden Seiten der Gleichung die Zahl 6 addiere. Denn dadurch erreiche ich, dass die Zahl -6 auf der rechten Seite der Gleichung ausgeglichen wird und somit verschwindet.

$$12 = -2x - 6$$

$$\Rightarrow 18 = -2x$$

Wie würdest du nun weitermachen? Manchmal möchten Schüler oder Schülerinnen in dieser Situation die Zahl 2 addieren, um jene -2 vor dem x auszugleichen. Aber der springende Punkt ist ja der, dass zwischen der -2 und dem x eigentlich ein Malpunkt sich befindet, auch wenn dieser gewöhnlich nicht hingeschrieben wird. Es handelt sich also um eine Multiplikation. Folglich ist hier eine Division als Gegenmaßnahme erforderlich. Wir teilen daher die ganze Gleichung durch -2, durch eben jene Zahl also, die als Faktor (oder Koeffizient) vor dem x steht.

$$18 = -2x$$

$$\Rightarrow -9 = x$$

Als Ergebnis erhalten wir x = -9, denn nach einer uralten Regel ergibt ja +18 geteilt durch -2 eben -9. Aber dies weißt du ja eigentlich auch selbst. Ich erwähne es nur vorsichtshalber, da die Vorzeichenregeln zuweilen etwas verwirrend sind.

Was bedeutet dies nun? Wir haben herausgefunden, dass die Funktion f an der Stelle x = -9 (und zwar nur an dieser Stelle) den Funktionswert 12 annimmt. Also liegt der Punkt (-9|12) auf der Geraden. Mehr haben wir hier nicht gemacht, aber immerhin wissen wir das jetzt.

Ich zeichne gerade noch die Gerade und wir können uns davon überzeugen, dass sie den soeben gefundenen Punkt tatsächlich enthält.

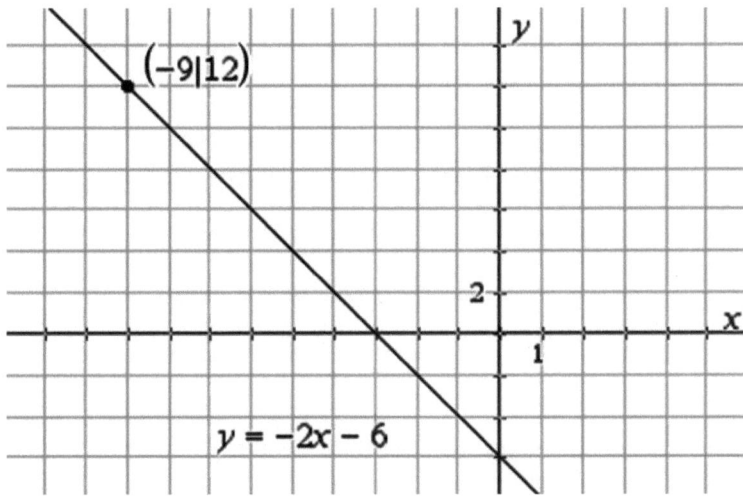

Wir sehen, die zur Funktion f gehörende Gerade verläuft durch den von uns berechneten Punkt. Der Verlauf der Geraden erfolgt von oben links nach unten rechts. Denn die Steigung m der Geraden ist ja negativ. Die Gerade schneidet die Y-Achse bei y = -6.

Ich bin ganz deiner Meinung. Wir sollten uns noch ein weiteres Beispiel zu diesem Aufgabentyp II ansehen. Sicher ist sicher.

In wähle nun einmal ein Beispiel, in dem auch Dezimalbrüche vorkommen. Nicht, dass es nachher heißt, wir hätten immer nur mit ganzen Zahlen gerechnet. Also, hier kommt die Funktion.

$$f: f(x) = y = -0{,}75x + 6{,}25$$

Ziemlich spontan möchte ich herausfinden, an welcher Stelle x die zur Funktion f gehörende Gerade sich in der Höhe **y = 12,25** befindet. Wir machen das nun genauso wie vorhin. Wir setzen den gegebenen Wert in die Funktionsgleichung ein und formen diese dann nach dem gesuchten Argument x um.

$$y = 12{,}25 = -0{,}75x + 6{,}25$$

Da das x auf der rechten Seite der Gleichung steht, sorge ich zunächst dafür, dass die Zahl 6,25 dort verschwindet. Ich subtrahiere diese.

$$12{,}25 = -0{,}75x + 6{,}25$$

$$\Rightarrow 6 = -0{,}75x$$

Nun teilen wir wieder durch den Koeffizienten vor dem x, also durch -0,75. Das Ergebnis auf der linken Seite der Gleichung wird negativ sein.

$$6 = -0{,}75x$$

$$\Rightarrow -8 = x$$

Die -8 habe ich noch so gerade eben im Kopf berechnen können. Der Taschenrechner liefert aber bestätigend das gleiche Ergebnis.

Nebenbei gesagt: Ich persönlich versuche so viel wie möglich im Kopf zu berechnen. Häufig bin ich damit viel schneller am Ziel, als wenn ich jedes einzelne Detail eines mathematischen Ausdrucks in den Rechner einzutippen versuche. In der Grundschule wird in diesem Zusammenhang vom *vorteilhaften Rechnen* gesprochen. Ach so, bevor ich es vergesse zeichne ich noch die Gerade und halte einige Ergebnisse und Beobachtungen fest.

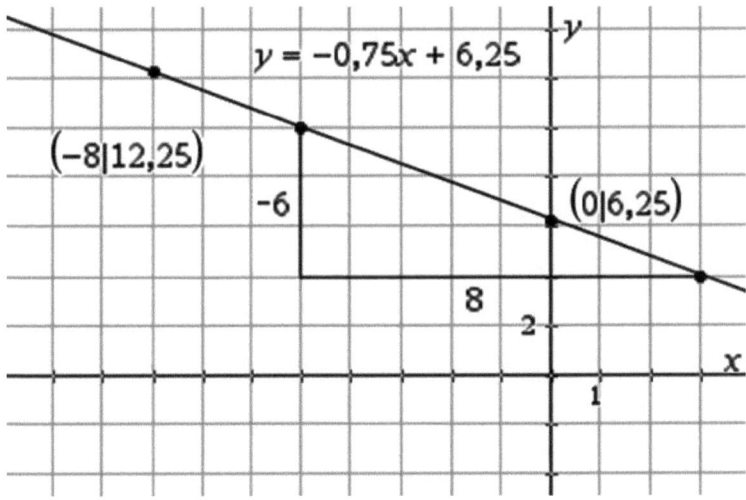

Wir hatten festgestellt, dass die Funktion f an der Stelle x = -8 den Funktionswert y = 12,25 annimmt. Und siehe da, die Gerade verläuft auch tatsächlich durch diesen Punkt (-8|12,25).

Zudem sehen wir, dass die Gerade von oben links nach unten rechts verläuft, sie fällt also. Dies liegt natürlich wieder an der negativen Steigung m = -0,75. Diese Zahl kann man ja auch als Bruch schreiben, nämlich so: $-0,75 = -\frac{3}{4} = -\frac{6}{8}$

Daher gehen wir an der Geraden, ausgehend von einem Punkt, dessen Koordinaten ganzzahlig sind, 6 Einheiten nach unten (wegen der -6) und 8 Einheiten nach rechts. Dort angekommen ergibt sich natürlich wieder ein Punkt mit ganzzahligen Koordinaten. Er lässt sich daher präzise eintragen. Das entsprechende Steigungsdreieck habe ich in die Abbildung eingezeichnet.

Der Schnittpunkt der Geraden mit der Y-Achse ist, wie erwartet, der Punkt SY(0|6,25), denn n = 6,25.

Ich denke, mehr müssen wir an dieser Stelle nicht festhalten. Die durchaus interessante Frage nach dem Schnittpunkt der Geraden mit der X-Achse wollen wir hier noch nicht behandeln. Aber dies folgt, soweit ich sehe, im Abschnitt zum Aufgabentyp IV.

Aufgabentyp III

Eine lineare Funktionsgleichung und ein Punkt sind gegeben. Eine Punktprobe wird durchgeführt.

Bei diesem Aufgabentyp können wir uns, denke ich, relativ kurz fassen. Es geht hier schlicht darum nachzuprüfen, auszurechnen, ob ein bestimmter Punkt auf einer gegebenen Geraden liegt oder eben nicht.

Dazu setzt man die Koordinaten des Punktes in die Funktionsgleichung ein und rechnet dann aus, ob die Gleichung aufgeht. Aufgehen bedeutet, es ergibt sich eine wahre Aussage.

Wir schauen uns dies einmal an einem Beispiel an.

$$f: f(x) = y = 7x - 21$$

Dies ist sicherlich eine lineare Funktion. Sie hat Normalform. Es gilt $m = 7$ und $n = -21$. Nun nehme ich mir irgendeinen Punkt, zum Beispiel **P(9|40)**, und rechne nach, ob dieser Punkt P auf der zu f gehörenden Geraden liegt. Dazu setze ich die Koordinaten $x = 9$ und $y = 40$ an den entsprechenden Stellen in die Gleichung ein.

$$y = 7x - 21$$

$$\Rightarrow 40 = 7 \cdot 9 - 21 = 63 - 21$$

$$\Rightarrow 40 = 42 \text{ (Widerspruch)}$$

Wir sehen, es hat sich eine Gleichung ergeben, die so schlicht und einfach nicht richtig ist. Dies liegt nicht daran, dass wir uns verrechnet hätten. Nein, es liegt daran, weil der gewählte Punkt P nicht auf der vorgegebenen Geraden liegt. Die Gleichung geht nicht auf, es liegt ein Widerspruch vor.

Somit halten wir kurz fest: $P \notin Graph(f)$

Diese etwas eigenartige Schreibweise verwenden Mathematiker um kurz und bündig auszusagen, dass der Punkt P kein Element jener Punktmenge ist, die den Graphen von f, also die zu f gehörende Gerade, bildet.

Bevor wir zum Aufgabentyp IV übergehen, überprüfe ich nochmal einen anderen Punkt, vielleicht liegt der ja auf der gegebenen Geraden. Ich wähle den Punkt Q(-7|-70). Same procedure, a little bit shorter:

$$y = 7x - 21$$

$$\Rightarrow -70 = 7 \cdot (-7) - 21 = -49 - 21$$

$$\Rightarrow -70 = -70 \text{ (Hurra!)}$$

$$\Rightarrow Q \in Graph(f)$$

Der Punkt Q liegt auf der zu f gehörenden Geraden. Es ergab sich die wahre Aussage -70 = -70.

Aufgabentyp IV

Eine lineare Funktionsgleichung ist gegeben. Die Steigung, der Achsenabschnitt und der Schnittpunkt mit der Ordinate werden notiert, die Nullstelle und der Schnittpunkt mit der Abszisse werden berechnet.

Beginnen wir sofort mit einem Beispiel.

$$f: f(x) = y = 5x + 2{,}5$$

Wir notieren die Steigung m der zugehörigen Geraden mit m = 5, den Y-Achsenabschnitt n mit n = 2,5 und somit den Schnittpunkt SY der Geraden mit der Ordinate mit SY(0|2,5). Soweit so gut und so einfach.

Wie aber berechnen wir nun die Nullstelle? Im Grunde haben wir die hier erforderliche Methode schon im Aufgabentyp II kennengelernt. Dort wurde ja ein beliebiger Funktionswert vorgegeben und dann der dazu passende Wert des Arguments x berechnet. So machen wir das hier auch. Da wir die Nullstelle berechnen wollen, geht es nun eben darum, jene Stelle x zu finden, für die f(x) = 0 gilt. Also setzen wir für y in der Gleichung den Funktionswert 0 ein.

$$y = 5x + 2{,}5$$

$$\Rightarrow 0 = 5x + 2{,}5$$

Wieder die alte Leier, wir subtrahieren 2,5.

$$0 = 5x + 2{,}5$$

$$\Rightarrow -2{,}5 = 5x$$

Es folgt die Division durch 5.

$$-2{,}5 = 5x$$

$$\Rightarrow -0{,}5 = x$$

Damit haben wir die Nullstelle x = -0,5 der Funktion f berechnet. Die zugehörige Gerade schneidet also die Abszisse (X-Achse) an der Stelle x = -0,5. Der Schnittpunkt der Geraden mit der X-Achse lautet demnach SX(-0,5|0). Es wird wohl nicht schädlich sein, wenn wir uns den Verlauf der Geraden auch nochmal im Bild ansehen.

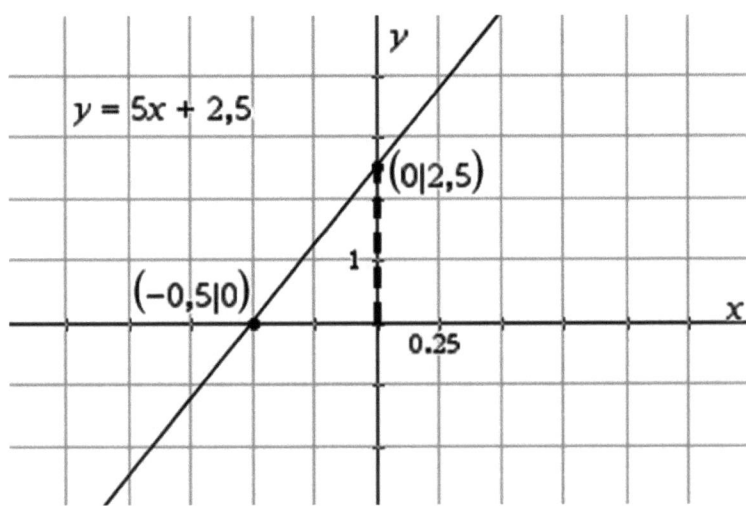

Den Achsenabschnitt habe ich gestrichelt gezeichnet.

Und weil's so schön war, am besten gleich nochmal. Also nochmal Aufgabentyp IV. Nur ein wenig kürzer. Ich mein', so langsam haben wir ja den Dreh raus und die Sache quasi im Griff. Aber ein wenig Übung macht bekanntlich den Meister. Also ran an den Speck.

$$f: f(x) = y = \frac{3}{7}x + 3$$

Es ist $m = \frac{3}{7}$ und $n = 3$ und somit SY(0|3). Mit $y = 0$ folgt $-3 = \frac{3}{7}x$ und damit $x = -7$ und folglich SX(-7|0).

Das war's.

Was ist? Du guckst so ungläubig. Aber das war's wirklich schon. Kurz und schmerzlos halt.

Also, im Ernst, unter uns, wenn sich mit der Zeit eine gewisse Routine eingestellt hat, dann werden die Abläufe tatsächlich immer kürzer und einfacher. Das ist wie Autofahren. Am Anfang weißt du nicht so wirklich, was zu tun ist. Aber nach einigen Fahrstunden und erst recht nach einigen Jahren Fahrpraxis geht und läuft alles fast wie von selbst, dann denkst du nicht mehr groß darüber nach, wie man einen Gang einlegt, Gas gibt, das Fahrzeug lenkt, den Blinker setzt. Das funktioniert dann quasi automatisch.

Aber gut, ich will nicht unhöflich sein, ein wenig ausführlicher hätte ich dieses Beispiel schon noch vorrechnen können. Aber das kann ich ja nun nachholen. Das hatte ich, ehrlich gesagt, auch vorher schon so geplant.

Ich beginne jetzt mal mit der Zeichnung, dann haben wir das Funktionsgedöns schon mal im Blick.

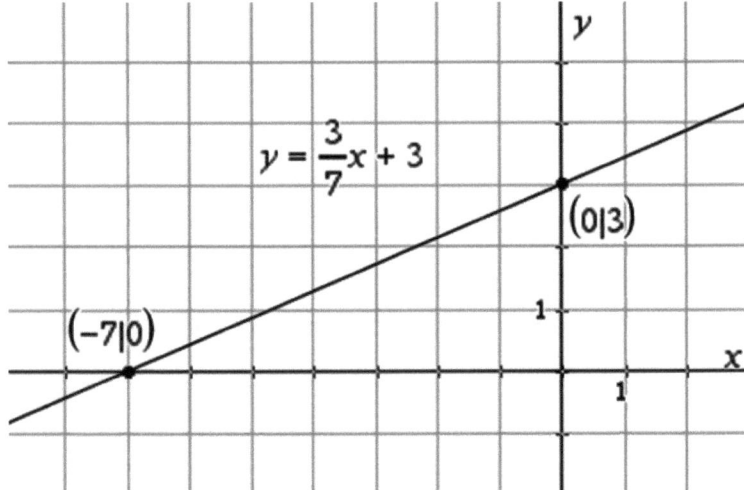

Wegen n = 3 kann man den Schnittpunkt der Geraden mit der Y-Achse direkt am Funktionsterm ablesen. Es gilt also SY(0|3). Die Nullstelle erhalten wir, indem wir die 0 für y einsetzen. Also $0 = \frac{3}{7}$ x + 3. Nun subtrahiere ich 3 auf beiden Seiten. Es folgt $-3 = \frac{3}{7}$ x. Multiplikation mit $\frac{7}{3}$ ergibt x = -7 und somit SX(-7|0).

Aufgabentyp V

Ach du Schreck. Ich habe ja noch gar nicht wirklich erklärt, wie ich die ganze Zeit die Geraden eingezeichnet habe. Warum sagst du denn nichts? Ich kann doch auch nicht an alles denken.

Nun, also, ich habe diese Geraden freilich mit einem Computerprogramm erstellt. Ich musste nur die Funktionsgleichung eingeben und schwuppdiwupp hat das Programm die Gerade auch schon gezeichnet.

Aber in der Schule musst du die Geraden ja erst einmal so, mit dem Stift und dem Geodreieck oder zumindest einem Lineal, auf Papier einzeichnen.

Nun ist es freilich nicht schwer, irgendeine Gerade irgendwohin zu zeichnen. Aber das Problem ist ja, genau die passende, die zur gegebenen Funktion gehörende Gerade zu zeichnen.

Wie kann man da vorgehen? Nun, es gibt verschiedene Möglichkeiten. Zwei dieser Möglichkeiten scheinen mir besondere Popularität zu genießen. Daher sprechen wir diese beiden hier an.

Aber zunächst geben wir uns eine Funktion vor, die wir dann mit den beiden Methoden zeichnen wollen.

$$f: f(x) = y = 2x - 4$$

$$f: f(x) = y = 2x - 4$$

Also, die eine Methode besteht darin, dass wir uns eine Wertetabelle erstellen. Diese Tabelle muss mindestens 2 Wertepaare enthalten. Denn durch zwei Punkte ist eine Gerade eindeutig festgelegt. Also machen wir das doch.

x	0	2
y = 2x - 4	-4	0

Die Argumente $x = 0$ und $x = 2$ habe ich hier vorgegeben. Die Funktionswerte $y = -4$ und $y = 0$ dann mit dem Funktionsterm berechnet. Natürlich hätte ich auch andere Werte für x wählen können.

Damit kennen wir nun also 2 Punkte, die auf der gesuchten Geraden liegen. Man kann auch sagen, wir kennen 2 Punkte, durch die die gesuchte Gerade hindurchlaufen muss. Nennen wir doch die beiden Punkte einfach A(0|-4) und B(2|0).

Nun zeichne ich ein geeignetes KOS und die Punkte A und B in dieses ein. Dann zeichne ich die Gerade durch diese beiden Punkte hindurch. Die Abbildung siehst du erst auf der nächsten Seite, da sie hier auf diese Seite nicht mehr hinpasst. ... Nun muss ich irgendwie diese Seite füllen ... was macht ein Mathematiker im Turnverein? Einen Überschlag ...

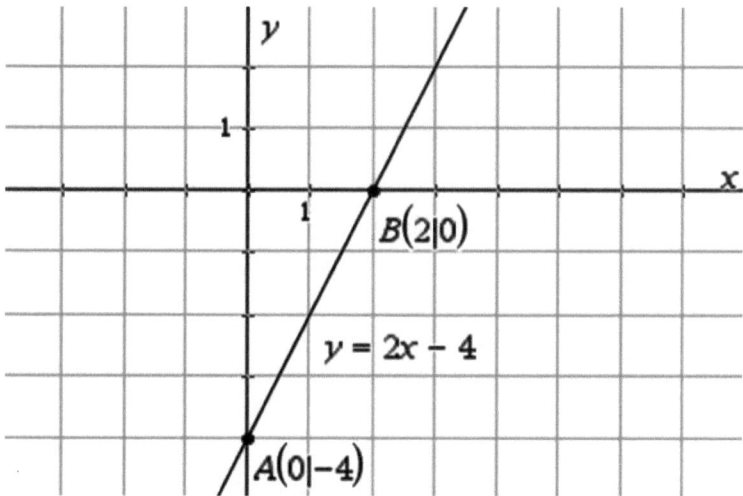

Ich denke, ich muss diese Abbildung nun nicht mehr groß kommentieren. Die Vorgehensweise habe ich ja soeben erläutert.

Aber da war ja noch jene andere Möglichkeit die Gerade zu zeichnen. Auf diese möchte ich nun eingehen.

Bei dieser Methode orientieren wir uns an den beiden Parametern m = 2 und n = -4. Wir wissen ja, dass mit n = -4 der Y-Achsenabschnitt gegeben ist. Wir wissen also, wo die Gerade die Y-Achse schneiden muss. Daher ist dieser Schnittpunkt SY(0|-4) der Ausgangspunkt unserer Zeichnung.

Da die Steigung der Geraden m = 2 = $\frac{2}{1}$ beträgt, gehen wir von SY 1 Einheit nach rechts und dann 2 Einheiten nach oben. Dort angekommen, notieren wir einen zweiten Punkt. Schließlich können wir die Gerade durch die beiden gefundenen Punkte hindurchzeichnen. Im Bild sieht dies so aus:

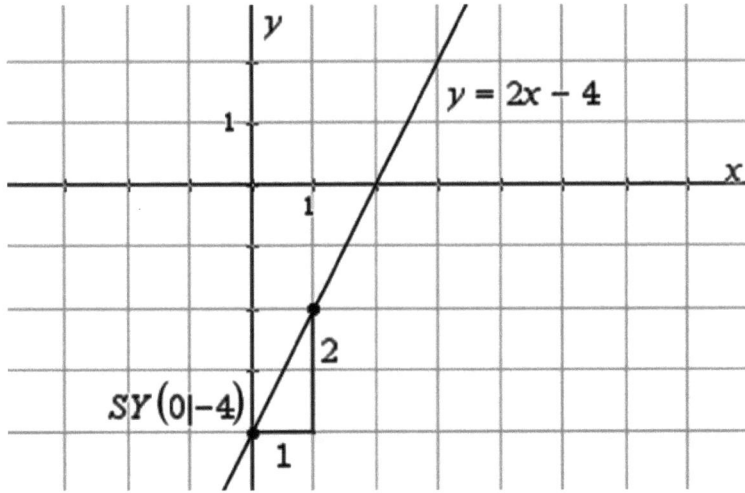

Wir hätten auch 1 Einheit nach links und dann 2 Einheiten nach unten gehen können. Es ist aber weniger fehleranfällig, wenn man immer in der gleichen Weise vorgeht. Geht man grundsätzlich nach rechts, so entscheidet es sich am Vorzeichen der Steigung m, ob man anschließend nach oben oder unten zu gehen hat. Hier sind wir 1 Einheit nach rechts gegangen und dann 2 Einheiten nach oben, wegen m = 2 > 0.

Ein weiteres Beispiel. f: $f(x) = y = \frac{1}{5}x + 3$

Wegen n = 3 gilt SY(0|3). Dies ist der Ausgangspunkt.

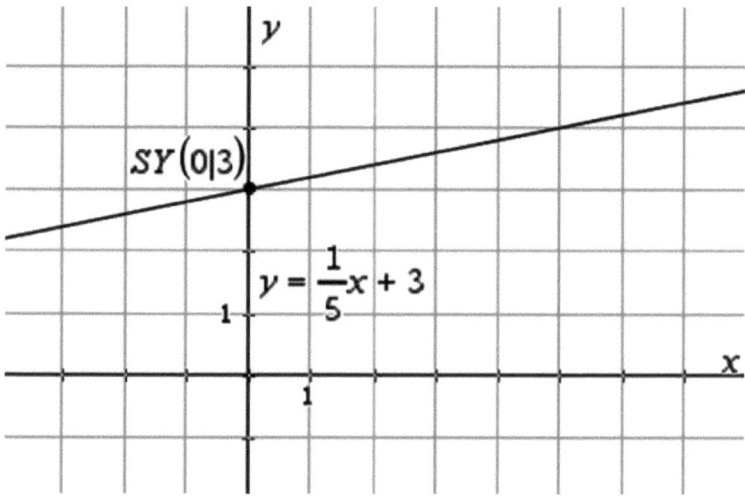

Von SY aus gehe ich 5 nach rechts und 1 nach oben.

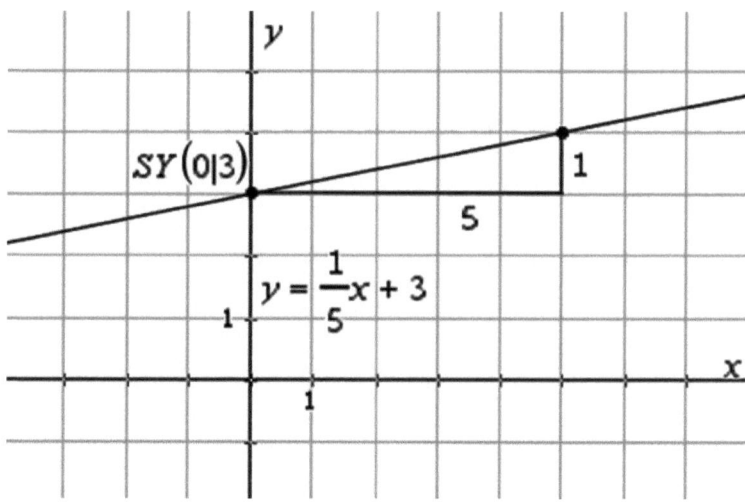

Noch ein Beispiel. f: $f(x) = y = -\frac{3}{5}x + 4$

Wegen n = 4 gilt SY(0|4). Dies ist der Ausgangspunkt.

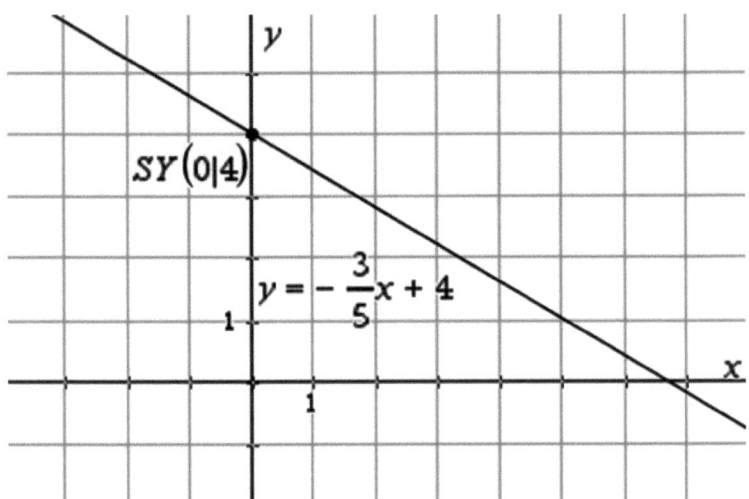

Von SY aus gehe ich 5 nach rechts und 3 nach unten.

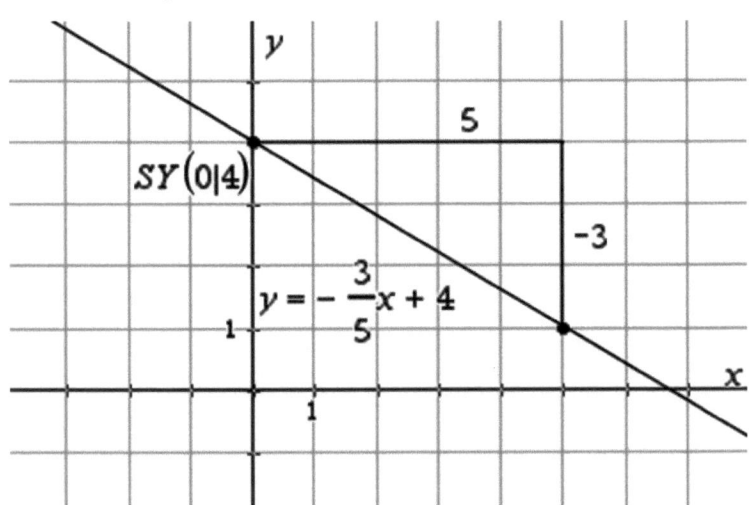

Aufgabentyp VI

Du achtest darauf, genügend Pausen einzuhalten, ja? Am besten lernen wir, wenn wir unser Lernpensum in viele kleine Einheiten aufteilen mit regelmäßigen Pausen dazwischen. Nur sollten die Pausen nicht zu lang sein.

Daneben gibt es freilich weitere Dinge, die wir beim Lernen beachten können. Täglich 3 Liter Mineralwasser trinken, nächtlich rund 8 Stunden schlafen, das eigene Zimmer und den Schreibtisch in Ordnung halten. Überhaupt ist der Begriff *Ordnung* ein wichtiges Stichwort. Es geht letztlich um Ordnung in unserem Kopf. Die Kenntnisse, die wir haben und erlangen, in eine innere Struktur zu bringen, die es uns ermöglicht, die Daten und Informationen im Gehirn erinnern und auffinden zu können.

Aber nun, weiter geht's im Text und mit der Mathematik der linearen Funktionen. Wir sind schon beim Aufgabentyp VI angelangt. Danach wird es noch einen Aufgabentyp VII geben, bevor ich dieses Kapitel mit solchen Geraden abschließe, die den Achsen parallel laufen. Von diesen sind die einen, nämlich diejenigen, die der Y-Achse parallel sind, keine Funktionen. Aber dazu später mehr.

In diesem Aufgabentyp VI soll es nun darum gehen, von der vorgegebenen Zeichnung einer Geraden im KOS zur passenden Funktionsgleichung zu gelangen. Ich zeichne mal eben eine Gerade und wir versuchen, die zugehörige lineare Funktion zu ermitteln.

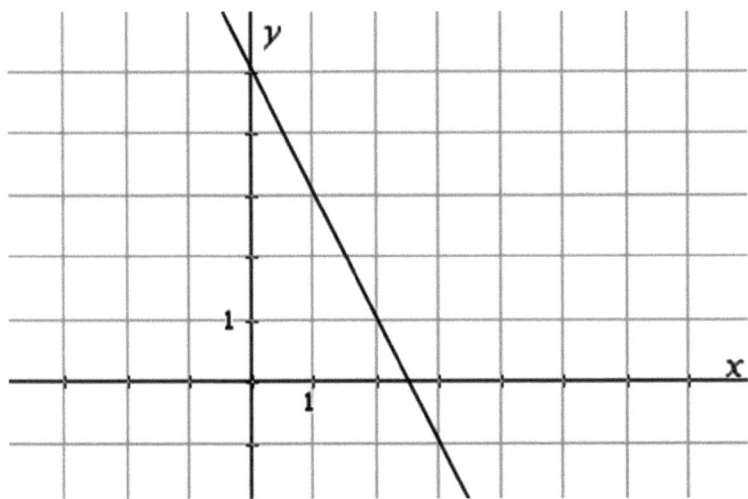

Ich schlage vor, wir machen jetzt das Ding mit dem Steigungsdreieck, nur eben rückwärts, umgekehrt.

Der Schnittpunkt der Geraden mit der Y-Achse scheint der Punkt SY(0|5) zu sein. Daher muss $n = 5$ gelten. Wir benötigen also nur noch ein passendes m, mit anderen Worten, wir müssen die Steigung der Geraden ermitteln. Daher zeichne ich ein Steigungsdreieck in die Abbildung ein. Bis gleich, wir sehen uns auf der nächsten Seite.

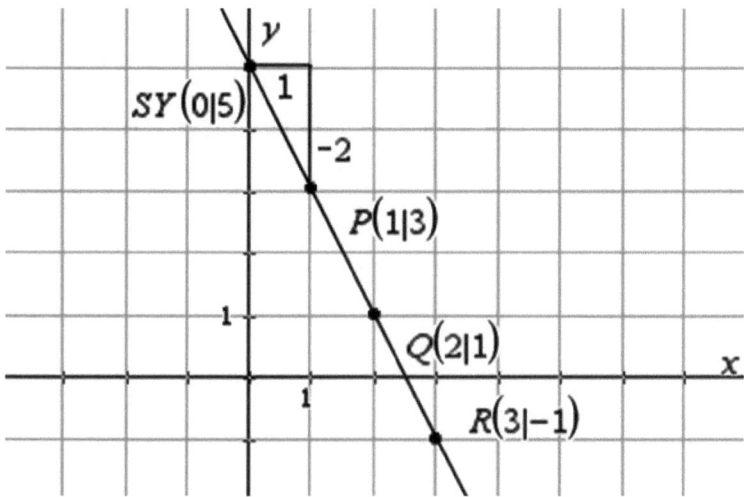

Wie du siehst, habe ich in der Zwischenzeit schon einmal das Steigungsdreieck eingezeichnet. Das war doch sehr nett von mir, oder? Ja, wenn du mich nicht hättest. Also, wie habe ich das gemacht? Ich habe mir zunächst einen weiteren Punkt auf der Geraden gesucht, von dem ich den Eindruck hatte, dass er ganzzahlige Koordinaten hat. Der nächstbeste Punkt aber war P(1|3). Dann habe ich mir klargemacht, wie ich mich im KOS bewegen muss, um von SY nach P zu gelangen. Ich fand, dass ich 1 Einheit nach rechts und dann 2 Einheiten nach unten gehen muss. Somit können wir sagen, dass $m = -\frac{2}{1} = -2$ gelten muss. Die von uns gesuchte Funktionsgleichung lautet daher:

$$f: f(x) = y = -2x + 5$$

Zusätzlich habe ich auf der Geraden die Punkte Q und R markiert, um mich dessen zu vergewissern, dass es tatsächlich in diesem Rhythmus weitergeht. Immer wieder 1 Einheit nach rechts und dann 2 Einheiten nach unten. Klaro? *Alles klar* sprach der Elefant und verschwand. Nein, bleib hier, wir haben noch einiges an Arbeit vor uns!

Ich überlege gerade, ob ein weiteres Beispiel zu diesem Aufgabentyp VI notwendig und sinnvoll ist. Vielleicht noch ein klitzekleines Beispiel, ja? Okay!

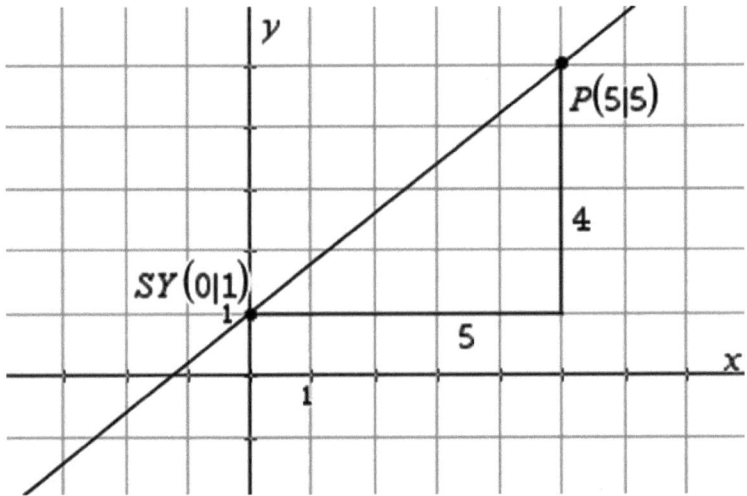

Allem Anschein nach ist n = 1 und m = $\frac{4}{5}$. Daher muss die Funktionsgleichung lauten: f: f(x) = y = $\frac{4}{5}$ x + 1

Wegen $\frac{4}{5}$ = 0,8 geht es auch so: f: f(x) = y = 0,8 x + 1

Aufgabentyp VII

Ich habe den Eindruck, wir kommen ganz gut voran. Eine Bemerkung möchte ich aber nachreichen, denn ich habe noch nicht ausreichend darauf hingewiesen. Wann immer die Steigung einer Geraden als Dezimalbruch gegeben ist, etwa m = 0,6 oder so, dann hast du immer die Möglichkeit, diesen Dezimalbruch in einen normalen Bruch umzurechnen. Notfalls schafft das der Taschenrechner mit links. Hier gilt natürlich $0,6 = \frac{6}{10} = \frac{3}{5}$. Demnach würdest du dann in Sachen Steigungsdreieck 5 Einheiten nach rechts gehen und 3 Einheiten nach oben.

Kommen wir zum letzten Aufgabentyp. **Wir geben uns zwei beliebige Punkte vor.** Wir wissen, dass durch diese beiden Punkte eine Gerade eindeutig festgelegt ist. **Wie aber finden wir die Funktionsgleichung dieser Geraden?** Wir könnten natürlich so vorgehen, dass wir die beiden Punkte im KOS einzeichnen, danach auch die Gerade. Dann wären wir beim Aufgabentyp VI. Aber es gibt noch eine andere, rein rechnerische Möglichkeit, die eine Zeichnung entbehrlich macht. Die anschauliche Begründung der Berechnungsmethode werde ich dir ein wenig später nachreichen. Zunächst stelle ich dir die Methode vor.

Wir gehen aus von zwei Punkten P und Q. Beliebig und zufällig wähle ich die Punkte **P(-1|4)** und **Q(3|8)**.

Durch diese beiden Punkte verläuft genau eine Gerade. Diese Gerade hat eine bestimmte Steigung. Wir ermitteln diese Steigung, indem wir so rechnen:

$$m = \frac{8-4}{3-(-1)} = \frac{4}{4} = 1$$

Wir bilden als einen Bruch. Im Zähler subtrahieren wir die Funktionswerte der beiden Punkte. Im Nenner subtrahieren wir die Argumente der beiden Punkte. Und zwar in der gleichen Reihenfolge.

Allgemein sieht das folgendermaßen aus. Wenn uns 2 Punkte vorliegen, **$P_1(x_1|y_1)$** und **$P_2(x_2|y_2)$**, dann berechnen wir m so:

$$m = \frac{y_1-y_2}{x_1-x_2} = \frac{y_2-y_1}{x_2-x_1}$$

Beide Brüche sind korrekt. Die Reihenfolge im Zähler und Nenner stimmt jeweils überein. In unserem Beispiel hätten wir daher auch so rechnen können:

$$m = \frac{4-8}{-1-3} = \frac{-4}{-4} = 1$$

Das Ergebnis ist dasselbe. Es gilt m = 1. Basta.

Nachdem wir das geklärt haben, bleibt noch, den Parameter n zu bestimmen. Das erledigen wir auf der nächsten Seite.

Zur Orientierung: Wir suchen ja so etwas:

$$f: f(x) = y = mx + n$$

Nun haben wir bereits herausgefunden, dass m = 1 gilt. Zudem wissen wir, dass etwa der Punkt P(-1|4) auf der Geraden liegen soll. Damit haben wir genügend viele Zahlen, die wir in die obige Normalform einer linearen Funktion einsetzen können.

$$y = mx + n$$

$$\Rightarrow 4 = 1 \cdot (-1) + n = -1 + n$$

Ich muss dir nicht sagen, dass wir nun auf beiden Seiten der Gleichung die Zahl 1 addieren.

$$\Rightarrow n = 5$$

Das war's. Mehr ist nicht zu tun. Wir notieren aber noch die fertige Funktionsvorschrift.

$$f: f(x) = y = 1x + 5 = x + 5$$

Aber da war ja noch was. Ja, jener Bruch $\frac{y_2 - y_1}{x_2 - x_1}$. **Warum kann man mit diesem Bruch die Steigung einer Geraden berechnen?** Damit wir dies verstehen, zeichne ich eine Gerade durch zwei gegebene Punkte $P_1(x_1|y_1)$ und $P_2(x_2|y_2)$. Dann werden wir anhand des Steigungsdreiecks sehen, dass jener Bruch der Steigung m der Geraden entspricht.

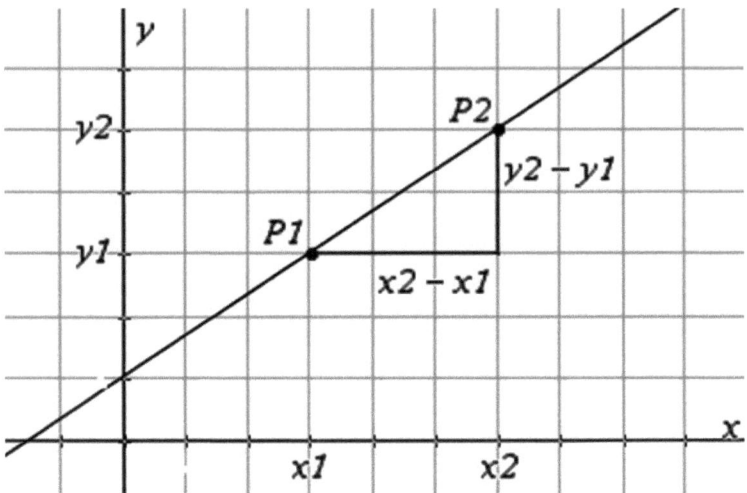

Du siehst eine Gerade und zwei Punkte auf ihr.

P_1 hat die Koordinaten $(x_1|y_1)$. P_2 aber $(x_2|y_2)$.

Die Steigung m der Geraden ergibt sich nun aus dem eingezeichneten Steigungsdreieck. Wir teilen die **vertikale Strecke** des Steigungsdreiecks durch die **horizontale Strecke** des Steigungsdreiecks.

$$\text{Es gilt also: } m = \frac{vertikale\ Strecke}{horizontale\ Strecke}$$

Die vertikale Strecke ergibt sich als Differenz $y_2 - y_1$ der Funktionswerte der beiden Punkte.

Die horizontale Strecke nun aber als Differenz $x_2 - x_1$ der Argumente der beiden Punkte.

Folglich haben wir das gewünschte Resultat: $m = \frac{y_2-y_1}{x_2-x_1}$

Mittlerweile haben wir beinahe das Ende dieses Kapitels erreicht. Ich hatte bereits angekündigt, dass ich noch einige Worte über solche **Geraden** verlieren möchte, die **parallel zu den beiden Achsen** verlaufen.

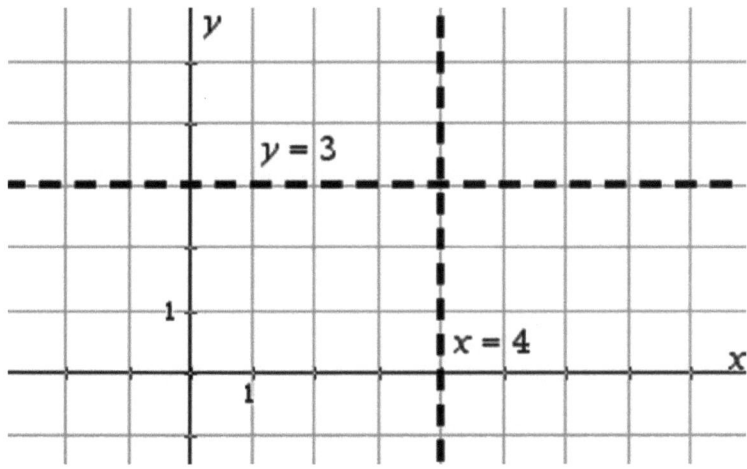

Damit du die von mir eingezeichneten Geraden nicht mit den Achsen verwechselst, habe ich sie ausnahmsweise gestrichelt dargestellt.

Zunächst einmal jene **horizontale Gerade**, die parallel zur X-Achse verläuft. Diese Gerade ist die Menge aller Punkte, deren y-Koordinate gleich 3 ist. Daher hat auch die gesamte Gerade diese Gleichung: $y = 3$ Es ist unschwer zu erkennen, dass diese Gerade keine Steigung hat, also weder eine positive noch eine negative. Daher können wir die Gleichung dieser Funktion auch so in Normalform schreiben: $y = 0x + 3 = 3$

Nun jene **vertikale Gerade,** die parallel zur Y-Achse verläuft. Diese Gerade ist die Menge aller Punkte, deren x-Koordinate gleich 4 ist. Daher hat auch die gesamte Gerade diese Gleichung: $x = 4$

Nun stellt diese Gerade allerdings keine lineare Funktion dar. Denn, erinnern wir uns, grundlegende Bedingung für Funktionen war ja, dass jedem x genau ein y zugeordnet wird. Diese Bedingung ist hier nicht erfüllt.

So liegt zum Bleistift, äh, zum Beispiel der Punkt (4|2) auf dieser vertikalen Geraden. Aber der Punkt (4|5) ja auch und (4|7) auch und (4|15) auch und ... ja, schon gut, ich höre ja auf.

Es liegen unendlich viele Punkte auf dieser Geraden und alle haben sie die Gestalt (4|y). Das sind eindeutig zu viele Punkte mit dieser x-Koordinate 4. Schon zwei solche Punkte sind ein Punkt zu viel.

Also handelt es sich bei der vertikalen Geraden nicht um eine Funktion. Gecheckt? Wenn nicht, ruf mich an, vielleicht kann ich dir helfen. Irgendwo im Internet auf meiner Homepage wirst du sicher meine Nummer finden. Besser wäre allerdings eine E-Mail. Mathematik am Telefon ... schwierig.

Systeme

Was kommt jetzt? Muss gerade mal überlegen. Ach ja, bisher haben wir immer nur eine einzelne Gerade betrachtet, mit ihr gerechnet und so. Aber wir können uns ja steigern. Wir verdoppeln die Anzahl der zu untersuchenden Geraden auf zwei Geraden. Das ist doch sicherlich ein Fortschritt. Somit haben wir es dann auch gleichzeitig mit zwei Gleichungen zu tun.

Geometrisch betrachtet müssen wir die folgenden beiden Möglichkeiten unterscheiden. Zwei Geraden in der Ebene, die nicht identisch sind, haben entweder genau einen Schnittpunkt miteinander. Oder sie verlaufen parallel zueinander. Algebraisch betrachtet bilden die beiden zugehörigen Gleichungen ein System, ein lineares Gleichungssystem. Dieses besteht hier also aus zwei Gleichungen mit jeweils bis zu (also höchstens) zwei Variablen. **Dieses System ist entweder eindeutig lösbar oder aber nicht lösbar.**

Die Aufgabe besteht darin herauszufinden, ob zwei durch ihre Gleichungen gegebene, nicht identische Geraden einen Schnittpunkt haben oder nicht. Und diesen im Falle der Existenz zu bestimmen.

Wenn wir uns nun also mit linearen Gleichungssystemen befassen, tun wir wohl gut daran, systematisch vorzugehen und nicht etwa einfach nur drauflos zu rechnen.

Wir hatten hinsichtlich der linearen Gleichungen die allgemeine Form dieser Gleichungen unterschieden von der Normalform linearer Funktionsgleichungen. Zur Erinnerung:

$$ax + by = c \text{ (allgemeine Form)}$$

$$y = mx + n \text{ (Normalform)}$$

In Hinblick auf die Untersuchung linearer Gleichungssysteme (2 Gleichungen, 2 Variablen) können wir daher 3 Fälle unterscheiden.

1. Fall: Beide Gleichungen sind in allgemeiner Form gegeben. Diesen Fall werden wir mit der Methode des sogenannten **Additionsverfahrens** bearbeiten.

2. Fall: Eine Gleichung ist in allgemeiner Form gegeben. Die andere Gleichung ist in Normalform gegeben. Diesen Fall werden wir mit der Methode des sogenannten **Einsetzungsverfahrens** bearbeiten.

3. Fall: Beide Gleichungen sind in Normalform gegeben. Diesen Fall werden wir mit der Methode des sogenannten **Gleichsetzungsverfahrens** bearbeiten.

Methoden

Das Additionsverfahren

Ich beginne, wer hätte das gedacht, mit Fall 1. Wir betrachten also 2 lineare Gleichungen in allgemeiner Form und gucken mal, wie die beiden zugehörigen Geraden verlaufen und ob sie gegebenenfalls einen Schnittpunkt haben.

$$3x + 4y = -6$$

$$2x - 4y = 8$$

Das sind die beiden Gleichungen. Wir könnten diese nun freilich jeweils in die Normalform bringen. Dann wäre es kein Problem, die zugehörigen Geraden zu zeichnen. An der Zeichnung könnten wir erkennen, ob sich die Geraden schneiden und, wenn ja, wo.

Ja, schon an der Normalform der Gleichungen könnten wir einiges ablesen. Wir müssten ja nur die jeweiligen Steigungen der Geraden vergleichen. Wenn 2 Geraden (in einer Ebene) verschiedene Steigungen haben, dann haben sie sicherlich einen Schnittpunkt.

Aber ich hatte ja gesagt, dass wir in diesem Fall 1 das sogenannte Additionsverfahren anwenden werden. Bei Anwendung dieses Verfahrens müssen wir den Verlauf der Geraden nicht unbedingt kennen.

Ich schreibe jetzt die Gleichungen nochmal hin und wir schauen uns die Koeffizienten der Variablen x und y etwas genauer an.

$$3x + 4y = -6$$

$$2x - 4y = 8$$

Also, da steht vor dem x eine 3 und vor dem anderen x eine 2. Vor dem y steht eine 4 und vor dem anderen y eine -4. Das ist günstig, sage ich mal. Denn 4 und -4 sind Gegenzahlen, ihre Summe ergibt 0.

Hä? Wieso ist das jetzt günstig? Günstig heißt hier so viel wie *vorteilhaft*. Es kommt uns wie gerufen. Wir haben nichts weiter zu tun, als die beiden Gleichungen zu addieren. Dies machen wir so, dass wir die beiden Terme auf der jeweils linken Seite der Gleichungen zusammenrechnen und gleichermaßen auch die Zahlen auf der jeweils rechten Seite der Gleichungen zusammenrechnen.

Wir nehmen also den Term 3x + 4y und addieren den Term 2x - 4y hinzu. Das ergibt 5x. Die Variable y ist nun nicht mehr vorhanden. Und das ist gut so. Auf der anderen Seite nehmen wir die -6 und addieren die 8 hinzu, das ergibt natürlich 2. Also gilt 5x = 2 und somit x = 0,4.

Am besten schreibe ich das nochmal etwas übersichtlicher auf.

$$3x + 4y = -6$$

$$2x - 4y = 8$$

Wir addieren die Gleichungen.

$$3x + 2x + 4y - 4y = -6 + 8$$

Bei einer Addition ändern sich die Vorzeichen nicht. Daher bleibt das Minuszeichen vor der einen 4 natürlich stehen. Wir fassen zusammen.

$$5x + 0y = 2$$

$$\Rightarrow 5x = 2$$

$$\Rightarrow x = 0,4$$

Puh, das war's. Ja, schön wär's. Aber es geht noch weiter. Das war bis hierher nur die halbe Miete. Ein x allein macht ja noch keinen Punkt. Wir brauchen noch das passende y dazu. Wir wissen jetzt zwar, dass die Geraden einen Schnittpunkt haben. Und zwar an der Stelle x = 0,4. Aber in welcher Höhe die beiden Geraden sich schneiden, das müssen wir noch ausrechnen. Das ist nun aber nicht mehr schwer. Denn diesen Aufgabentyp kennen wir bereits. Wir setzen das gefundene x einfach in eine der beiden Gleichungen ein und berechnen jenes passende y.

Ich verwende die Gleichung 3x + 4y = -6.

$$\Rightarrow 3 \cdot 0{,}4 + 4y = -6$$

$$\Rightarrow 1{,}2 + 4y = -6$$

Nun subtrahierst du auf beiden Seiten die Zahl 1,2.

$$\Rightarrow 4y = -7{,}2$$

Schließlich teilst du durch 4.

$$\Rightarrow y = -1{,}8$$

Das war's jetzt aber wirklich. Der Schnittpunkt der beiden Geraden ist der Punkt S(0,4|-1,8).

Wir können aber noch zur Probe die gefundenen Werte auch in die andere Gleichung einsetzen. Wir vergewissern uns, dass dieser Punkt tatsächlich auch auf der anderen Geraden liegt. Das ist ja die Punktprobe, die wir weiter oben kennenlernten.

$$2x - 4y = 8$$

$$\Rightarrow 2 \cdot 0{,}4 - 4 \cdot (-1{,}8) = 8$$

$$\Rightarrow 0{,}8 + 7{,}2 = 8$$

$$\Rightarrow 8 = 8$$

Yes, das ist jetzt aber mal sowas von gleich. Da kann nun kein Zweifel mehr bestehen. Unsere Probe hat den gefundenen Schnittpunkt S(0,4|-1,8) bestätigt.

Wir sollten diesen 1. Fall und das Additionsverfahren noch ein wenig einüben. Ich gebe wieder zwei Gleichungen vor.

$$3x - 5y = 9$$

$$6x + 2y = 2$$

Es besteht ein wesentlicher Unterschied zu jenem Gleichungssystem, mit dem wir uns zuletzt beschäftigt haben. Zwar sind wieder beide Gleichungen in allgemeiner Form gegeben. Aber die Koeffizienten vor den Variablen sind nun gänzlich verschieden. Wir können daher an dieser Stelle die Gleichungen **noch nicht** addieren. Denn dies hätte keinerlei Nutzen für uns.

Würden wir die Gleichungen sofort addieren, so würden wir auf der linken Seite den Term $9x - 3y$ erhalten. Beide Variablen wären noch vorhanden. Aber eben darum geht es ja zunächst einmal, wir müssen dafür sorgen, dass durch die Addition der Gleichungen **eine Variable verschwindet**.

Wir sprechen davon, dass wir das Gleichungssystem, bestehend aus zwei Gleichungen mit zwei Variablen, **reduzieren auf eine Gleichung mit nur noch einer Variablen**. Denn dann, aber nur dann, haben wir leichtes Spiel.

Ich schreibe die Gleichungen gerade nochmal hin, damit wir wissen, wovon wir reden.

$$3x - 5y = 9$$

$$6x + 2y = 2$$

Das sind zwei Gleichungen mit zwei Variablen. Was wir brauchen, das ist eine Gleichung mit einer Variablen. Ziel ist, durch Addition der beiden Gleichungen diese eine Gleichung zu erhalten.

Nun ist mir aufgefallen, dass jener Koeffizient 6 vor dem x in der zweiten Gleichung gerade das Doppelte ist von jenem Koeffizienten 3 vor dem x in der ersten Gleichung. Ich hätte dort aber gern anstelle der 3 eine -6 stehen, eben die **Gegenzahl zur 6**.

Was ist zu tun? Ich multipliziere die erste Gleichung mit -2, dadurch ergibt sich vor dem x eine -6.

$$3x - 5y = 9$$

$$\Rightarrow -6x + 10y = -18$$

Damit gestaltet sich das System nun wie folgt:

$$-6x + 10y = -18$$

$$6x + 2y = 2$$

Jetzt erst macht die Addition der Gleichungen Sinn, denn jetzt verschwindet durch diese die Variable x.

Wir addieren also die Gleichungen und erhalten:

$$-6x + 6x + 10y + 2y = -18 + 2$$

$$\Rightarrow 0x + 12y = -16$$

$$\Rightarrow 12y = -16$$

Wir dividieren durch 12.

$$\Rightarrow y = -\frac{4}{3}$$

Das hätten wir schon mal. Jetzt noch x berechnen. Dazu verwende ich die zweite Gleichung des Systems.

$$6x + 2y = 2$$

$$\Rightarrow 6x + 2 \cdot (-\frac{4}{3}) = 2$$

$$\Rightarrow 6x - \frac{8}{3} = 2$$

Wir addieren auf beiden Seiten $\frac{8}{3}$.

$$\Rightarrow 6x = 2 + \frac{8}{3} = \frac{6}{3} + \frac{8}{3} = \frac{14}{3}$$

Abschließend die Division durch 6.

$$\Rightarrow x = \frac{14}{3 \cdot 6} = \frac{14}{18} = \frac{7}{9}$$

Damit haben wir den Schnittpunkt der beiden Geraden bestimmt. Er lautet $S(\frac{7}{9} \mid -\frac{4}{3})$.

Die Probe spare ich mir. Ich bin mir sicher, dass wir uns nicht verrechnet haben. Aber wenn du magst, kannst du diese Probe zur Übung selbst durchführen.

Ich fürchte, wir müssen noch ein Weilchen bei diesem Fall 1 und dem Additionsverfahren verweilen. Denn es geht natürlich immer noch etwas schwerer als bisher.

$$2x + 11y = 5$$

$$5x - 3y = 6$$

Wieder habe ich gegenüber dem letzten Gleichungssystem eine folgenschwere Änderung vorgenommen. Diesmal sind die Koeffizienten der Variablen sowas von verschieden, da kommen wir nicht umhin, zunächst **beide** Gleichungen in geeigneter Weise umzuformen. Die Umformungen an dieser Stelle bestehen in der Regel darin, die Gleichungen so zu **vervielfachen**, sodass wir zumindest vor einer der beiden Variablen eine Zahl und ihre Gegenzahl als Koeffizienten erhalten. Was ich damit meine, zeige ich dir an diesem Beispiel. Keine Angst, es tut nicht weh.

Ich nehme einmal die Koeffizienten vor dem x in den Blick. Da haben wir zum einen eine 2, zum anderen eine 5. Meine Überlegung ist nun folgende. Ich multiplizere die 1. Gleichung mit 5. Die 2. Gleichung aber mit -2. Dadurch erhalte ich als Koeffizienten vor dem x eine 10 und eine -10. Und das ist günstig, ja, notwendig, da ansonsten die anschließende Addition der Gleichungen keinen Nutzen einbringen würde.

Mag sein, dass ich dies nun etwas umständlich ausgedrückt habe. Ich schreibe es daher nochmal so hin, wie ihr das vermutlich auch im Schulunterricht schreibt. Bisher habe ich hier meist mit erklärenden Erläuterungen gearbeitet, aber es geht natürlich auch kürzer, etwa so:

$$2x + 11y = 5 \quad | \cdot 5$$

$$5x - 3y = 6 \quad | \cdot (-2)$$

$$\Rightarrow 10x + 55y = 25$$

$$\Rightarrow -10x + 6y = -12$$

Nun macht die Addition der Gleichungen wieder Sinn.

$$\Rightarrow 61y = 13$$

Wir haben das Gleichungssystem reduziert auf eine Gleichung mit nur einer Variablen. Diese können wir nun problemlos berechnen, indem wir durch 61 teilen.

$$\Rightarrow y = \frac{13}{61}$$

Soweit ich sehe, können wir diesen Bruch nicht weiter kürzen. Solltest du dennoch eine Möglichkeit finden, diesen Bruch kürzen zu können, zahle ich dir den Kaufpreis dieses Buches gern zurück. Übrigens habe ich auf die farbige Gestaltung etwa der Geraden im KOS verzichtet, damit der Preis des Buches erschwinglich bleibt. Gut, nicht?

Nicht, dass ich es vergessen hätte. Wir müssen noch das x berechnen, ich weiß. Dies ist jetzt aber mittlerweile eine alte Kamelle. Wir setzen das berechnete y in eine der beiden Ausgangsgleichungen ein, meinetwegen in die erste der beiden, und berechnen das noch fehlende x.

$$2x + 11y = 5$$

$$\Rightarrow 2x + 11 \cdot \frac{13}{61} = 5$$

$$\Rightarrow 2x + \frac{143}{61} = 5$$

Es folgt die Subtraktion von $\frac{143}{61}$ auf beiden Seiten.

$$\Rightarrow 2x = 5 - \frac{143}{61} = \frac{305}{61} - \frac{143}{61} = \frac{162}{61}$$

Und nun die finale Divison durch 2.

$$\Rightarrow x = \frac{162}{61 \cdot 2} = \frac{162}{122} = \frac{81}{61} = 1\frac{20}{61}$$

Das Gleichungssystem

$$2x + 11y = 5$$

$$5x - 3y = 6$$

war eindeutig lösbar. Die beiden zugehörigen Geraden haben genau einen Schnittpunkt, nämlich $S(\frac{81}{61} \mid \frac{13}{61})$.

Im Unterricht notiert ihr vielleicht auch die Lösungsmenge des Systems, etwa so: $\mathbb{L} = \left\{ \left(\frac{81}{61} \middle| \frac{13}{61} \right) \right\}$

Bei dieser Gelegenheit unterhalten wir uns kurz über diese Lösungsmenge. Die Lösungsmenge $\mathbb{L} = \left\{ \left(\frac{81}{61} \middle| \frac{13}{61} \right) \right\}$ enthält wie viele Elemente? Sie enthält nur ein Element. Zwar haben wir zwei Werte berechnet. Zunächst hatten wir den Wert der Variablen y berechnet. Danach den Wert der Variablen x. Diese beiden Werte bilden aber nur ein Wertepaar. Daher enthält die Lösungsmenge nur ein Element und das Gleichungssystem besitzt eine (eindeutige) Lösung.

Dem entspricht, dass die beiden zugehörigen Geraden genau einen Schnittpunkt haben. Sie haben nicht zwei Schnittpunkte. **Die beiden Werte für x und y bilden die Koordinaten dieses einen Schnittpunkts.**

Es ist nun an der Zeit, dass wir uns auch einmal vor Augen führen, dass nicht jedes Gleichungssystem lösbar ist. Nimm etwa das folgende.

$$3x + 4y = 10$$

$$6x + 8y = 19$$

Dieses Gleichungssystem besitzt keine Lösung. Woher ich das weiß? Ganz einfach. Wir multiplizieren die erste Gleichung mit 2 und gucken, was passiert.

$$\Rightarrow 6x + 8y = 20$$

$$6x + 8y = 19$$

Die erste Gleichung hat sich entsprechend verändert. Die zweite Gleichung ist so, wie sie war. Mit der haben wir ja auch nichts gemacht.

$$6x + 8y = 20$$

$$6x + 8y = 19$$

Offensichtlich sind die Terme auf der linken Seite identisch. Aber die Zahlen auf der rechten Seite sind es nicht. Dies führt auf einen Widerspruch, den wir noch klarer sehen, wenn wir die Gleichungen *subtrahieren*. Ja, auch dies ist möglich. Beim *Additionsverfahren* kann man auch *subtrahieren*.

$$\Rightarrow 6x - 6x + 8y - 8y = 20 - 19$$

$$\Rightarrow 0 = 1$$

Diese Gleichung ist eine unwahre Aussage. Dies bedeutet, dass das Gleichungssystem nicht lösbar ist. Also haben die zugehörigen Geraden im KOS keinen Schnittpunkt. Sie verlaufen parallel.

Anmerkung $\Rightarrow$

Wären in diesem Beispiel die Zahlen auf der rechten Seite auch noch identisch gewesen, hätten wir nach der Subtraktion die allgemeingültige Aussage $0 = 0$ erhalten. Die beiden Geraden hätten sich als identisch und somit als eine einzige Gerade entpuppt.

Ein letztes Beispiel möchte ich diesen Fall 1 betreffend noch mit dir besprechen.

$$0x + 1y = 2$$

$$1x + 0y = -1$$

Dies sind wiederum zwei lineare Gleichungen in allgemeiner Form. Jeweils einer der Parameter ist gleich 0. Dies ist zulässig. Wir können die Gleichungen kürzer schreiben.

$$y = 2$$

$$x = -1$$

Das hatten wir doch schon mal. Erinnerst du dich? Auf diese Art und Weise stellten wir Geraden dar, die parallel zu den Achsen verlaufen.

Nun können wir hier freilich das Additionsverfahren nicht anwenden. Aber dies müssen wir ja auch gar nicht. Denn beide Gleichungen enthalten jeweils nur eine Variable. **Die Lösung steht schon da.**

Der Schnittpunkt der beiden Geraden ist der Punkt S(-1|2) und die Lösungsmenge des Gleichungssystems ist somit die Menge $\mathbb{L} = \{(-1|2)\}$.

So einfach kann Mathematik sein.

Doch, ich denke, wir können nun zum 2. Fall kommen.

Das Einsetzungsverfahren

Es ist schon eine Weile her, daher bringe ich lieber nochmal in Erinnerung, worum es jetzt gehen soll. Wir betrachten nun zwei lineare Gleichungen, von denen die eine in allgemeiner Form gegeben ist. Die andere aber in Normalform. Das könnte so aussehen:

$$3x + 4y = -2$$

$$y = 5x - 1$$

Klar, wir könnten nun die zweite Gleichung ein wenig umformen und in die allgemeine Form bringen. Dann wären wir wieder bei Fall 1 und könnten die Gleichungen addieren. Aber bei dieser hier vorhandenen Konstellation bietet es sich eher an, das sogenannte Einsetzungsverfahren zu verwenden.

Bei dieser Methode nutzen wir die Information, die die Gleichung in Normalform liefert, aus. Konkret bedeutet dies in diesem Beispiel:

Die zweite Gleichung (in Normalform) sagt uns, dass das y gleich dem Term 5x – 1 ist. Oder zumindest gleich sein soll. Diese Information oder Bedingung verwenden wir in der anderen Gleichung, die in allgemeiner Form gegeben ist. Der springende Punkt ist ja, dass das y in der ersten Gleichung dasselbe y ist oder sein soll wie das y in der zweiten Gleichung.

Damit du verstehst, was ich meine, schreibe ich zunächst nochmal die erste Gleichung hier hin.

$$3x + 4y = -2$$

Nun *weiß* diese Gleichung freilich nicht, was dieses y genau ist. Solange man nur diese eine Gleichung betrachtet, könnte y ja so ziemlich alles sein, jedenfalls könnte sich jede erdenkliche Zahl dahinter verbergen.

Aber (dickes aber), wir haben ja noch die Information aus der zweiten Gleichung. Diese sagt uns ja, was für das y auf jeden Fall gelten soll. y soll gleich dem Term 5x – 1 sein. Daher bietet es sich an, diese Information zu nutzen.

Nun kommt das mit der *Einsetzung* ins Spiel. Wir setzen die Information, die die zweite Gleichung uns gibt, in die erste Gleichung ein. Dies bedeutet schlicht und einfach, dass wir an die Stelle des y jenen Term 5x – 1 hinschreiben. Etwa so:

$$3x + 4\mathbf{y} = -2$$

$$\Rightarrow 3x + 4 \cdot \mathbf{(5x - 1)} = -2$$

Hast du's? Ich habe hier im Fettdruck die Einsetzung hervorgehoben. Man könnte auch von Ersetzung sprechen. Üblich ist aber der Begriff Einsetzung.

Und was soll das? Der Zweck dieser Maßnahme war wieder der, dass wir nun **eine** Gleichung haben mit nur noch **einer** Variablen.

Ich bin mir nicht sicher, ob du die Klammer in dieser Gleichung bewusst wahrgenommen hast. Vielleicht hast du sie auch wahrgenommen, ihr aber keine bestimmte Bedeutung zugemessen.

$$3x + 4 \cdot (5x - 1) = -2$$

Die Klammer steht hier keineswegs zufällig. Sie ist erforderlich, weil die 4 als Koeffizient ja nun wirklich mit dem gesamten y multipliziert werden muss. Zu diesem y gehört aber nun einmal auch jene -1 in dem Term, den wir für das y eingesetzt haben.

So, der entscheidende Schritt ist vollzogen. Nun können wir uns daran machen, das x in der Gleichung zu berechnen. Das machen wir, indem wir zunächst einmal die Klammer ausmultiplizieren.

$$\Rightarrow 3x + 20x - 4 = -2$$

$$\Rightarrow 23x - 4 = -2$$

Nachdem ich den Term auf der linken Seite bereits zusammengefasst habe, addiere ich nun die Zahl 4.

$$\Rightarrow 23x = 2$$

Du weißt natürlich, was jetzt kommt. Teilen durch 23.

$$23x = 2$$

$$\Rightarrow x = \frac{2}{23}$$

Eigentlich könnten wir uns schon einem weiteren Beispiel zuwenden. Denn der gesamte Rest, der nun noch zu erledigen ist, gleicht dem, was wir auch schon im 1. Fall getan haben. Aber zur Übung schreibe ich es hier doch nochmal auf. Wir setzen also den gefundenen Wert für die Variable x in eine der beiden Ausgangsgleichungen ein. Allerdings, da wir nun eine Gleichung in Normalform zur Verfügung haben, bietet es sich an, dass wir diese verwenden. Denn in dieser steht das noch zu berechnende y bereits isoliert da.

$$y = 5x - 1$$

$$\Rightarrow y = 5 \cdot \frac{2}{23} - 1$$

$$\Rightarrow y = \frac{10}{23} - 1$$

$$\Rightarrow y = -\frac{13}{23}$$

Somit ist dieses System linearer Gleichungen eindeutig lösbar. Die Lösungsmenge des Systems ist $\mathbb{L} = \left\{\left(\frac{2}{23} \middle| -\frac{13}{23}\right)\right\}$. Die zugehörigen Geraden haben den Schnittpunkt $S(\frac{2}{23} \mid -\frac{13}{23})$.

Auch in diesem Fall 2 kann es natürlich vorkommen, dass das System nicht lösbar ist.

Betrachten wir, diesen 2. Fall abschließend, daher ein weiteres Beispiel. Das folgende System wird nicht lösbar sein. Unser Ergebnis wird also darin bestehen, dass wir die Unlösbarkeit des Systems feststellen.

$$x + y = 1 \text{ (allgemeine Form)}$$

$$y = -x + 2 \text{ (Normalform)}$$

Die Gleichung in Normalform sagt uns, was das y sein soll. Also setzen wir $-x + 2$ in die erste Gleichung ein.

$$x + y = 1$$

$$\Rightarrow x + (-x + 2) = 1$$

$$\Rightarrow x - x + 2 = 1$$

$$\Rightarrow 2 = 1$$

Das kann doch wohl nicht wahr sein. Die letzte Aussage ist offensichtlich unwahr. Wir haben einen Widerspruch hergeleitet. Darum wissen wir nun, dass dieses Gleichungssystem nicht lösbar ist. Die Lösungsmenge enthält daher kein Element, eben keine Lösung. Wir schreiben $\mathbb{L} = \{\ \}$. *Hey, da ist ja gar nichts drin!* Ja, genau, das ist die leere Menge.

Die zugehörigen Geraden haben keinen Schnittpunkt, sie verlaufen parallel.

Das Gleichsetzungsverfahren

So langsam ist Land in Sicht. Es folgt nun noch Fall 3 der Systeme linearer Gleichungen. Anschließend wenden wir uns einigen *Anwendungen* zu und behandeln auch noch kurz die *Determinanten* oder besser, wir verwenden diese, um Gleichungssysteme zu lösen.

Beim 3. Fall dachte und denke ich in diesem Buch an solche Systeme, bei denen beide Gleichungen in Normalform gegeben sind. Ein Beispiel.

$$y = -2x + 3$$
$$y = 6x - 3$$

Bei dieser Konstellation können wir sofort erkennen, ob das Gleichungssystem lösbar ist. Ist es lösbar? Meine Antwort lautet: Eindeutig ja.

Wir brauchen nur die Steigungen der Geraden vergleichen. Die eine Gerade hat eine negative Steigung, sie fällt also. Die andere Gerade hat eine positive Steigung, sie steigt also. Jedenfalls haben sie unterschiedliche Steigungen. Sie verlaufen demnach nicht parallel. Also haben sie genau einen Schnittpunkt. Und diesen Schnittpunkt und damit die Lösung des Gleichungssystems berechnen wir nun mit dem sogenannten Gleichsetzungsverfahren.

Bei diesem Verfahren setzen wir die beiden Funktionsterme einander gleich. Wir bilden eine neue Gleichung. Diese neue Gleichung ergibt sich zwangsläufig, wenn man die beiden Ausgangsgleichungen nochmal ein wenig anders hinschreibt, etwa so:

$$y = -2x + 3$$

$$y = 6x - 3$$

$$\Rightarrow -2x + 3 = y$$

$$y = 6x - 3$$

$$\Rightarrow -2x + 3 = y = 6x - 3$$

$$\Rightarrow -2x + 3 = 6x - 3$$

Gecheckt? Eigentlich ganz simpel. Wenn nicht, dann bitte nochmal genau hinsehen und die Abfolge der Gleichungen nachvollziehen.

Das Resultat unserer Anwendung der Methode des Gleichsetzungsverfahrens besteht darin, dass wir das System auf eine Gleichung mit einer Variablen reduziert haben. Diese lösen wir nach x auf.

$$-2x + 3 = 6x - 3$$

Ein wenig kühn addiere ich den Term 2x + 3.

$$\Rightarrow 6 = 8x$$

$$\Rightarrow x = \frac{3}{4} = 0{,}75$$

Wir haben die x-Koordinate des Schnittpunkts der beiden Geraden ermittelt. Dies ist immerhin schon die halbe Miete.

Da beide Ausgangsgleichungen in Normalform vorliegen, haben wir die freie Auswahl. Ich wähle die erste Gleichung und setze x = 0,75 in diese ein.

$$y = -2x + 3$$

$$\Rightarrow y = -2 \cdot 0,75 + 3$$

$$\Rightarrow y = 1,5$$

Also gilt $\mathbb{L} = \{(0,75|1,5)\}$ und $S(0,75|1,5)$.

Zur Bestätigung bietet es sich an, dass wir die beiden Geraden zeichnen. Bei dieser Gelegenheit können wir dies gerade noch einmal üben. Ich zeichne zunächst die erste Gerade, indem ich mir zwei Punkte berechne, die auf dieser Geraden liegen. Dazu setze ich die Werte 0 und 3 in die Gleichung ein.

$$f(0) = y = -2 \cdot 0 + 3 = 3 \Rightarrow P_1(0|3)$$

$$f(3) = y = -2 \cdot 3 + 3 = -3 \Rightarrow P_2(3|-3)$$

Diese beiden Punkte zeichne ich ins KOS ein und die Gerade dann hindurch.

Danach zeichne ich die zweite Gerade mit Steigungsdreieck noch hinzu.

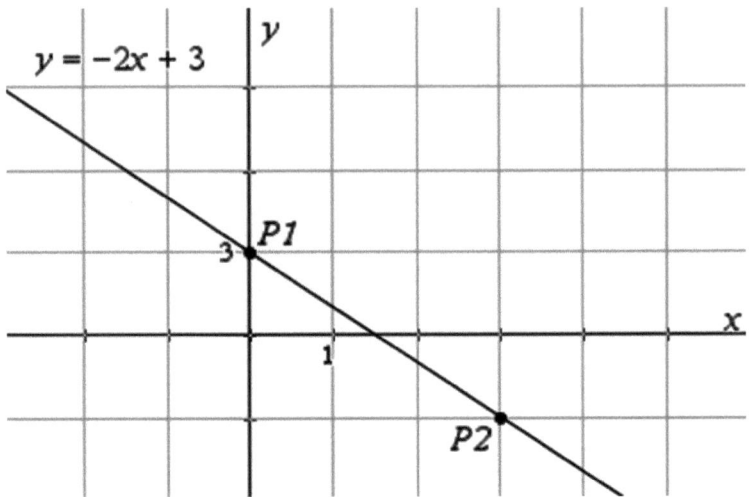

Nun kommt die zweite Gerade noch hinzu.

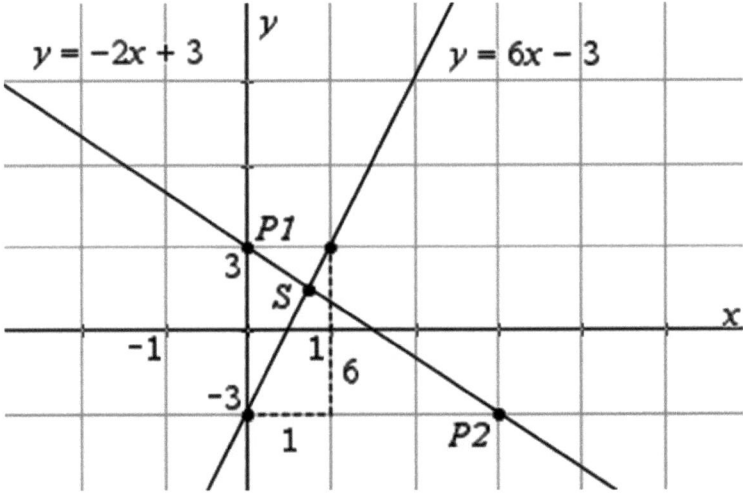

Die beiden Geraden haben den Schnittpunkt S(0,75|1,5). Die Zeichnung bestätigt unser Ergebnis.

Anwendungen

Zahlenrätsel

Die Summe zweier Zahlen beträgt 458.

Die Differenz der beiden Zahlen beträgt 216.

Für welche beiden Zahlen könnten diese Aussagen zutreffen? Wie können wir das herausfinden?

Auch wenn dieses Problem nichts mit Geraden zu tun haben scheint, können wir es dennoch mit einem linearen Gleichungssystem lösen. Denn beide Aussagen lassen sich als lineare Gleichungen in allgemeiner Form formulieren. Wir machen quasi das, was ein Dolmetscher zu leisten hat, der Aussagen aus einer Sprache in eine andere übersetzt. Wir übersetzen die beiden obigen Aussagen in die Sprache der Mathematik.

Die Summe zweier Zahlen beträgt 458.

$$\Rightarrow x + y = 458$$

Die Differenz der beiden Zahlen beträgt 216.

$$\Rightarrow x - y = 216$$

Damit haben wir das folgende Gleichungssystem linearer Gleichungen in allgemeiner Form.

$$x + y = 458$$

$$x - y = 216$$

Durch Addition der beiden Gleichungen erreichen wir, dass die Variable y verschwindet.

$$\Rightarrow 2x = 674$$

$$\Rightarrow x = 337$$

Dieses Ergebnis setzen wir in die erste Gleichung ein.

$$x + y = 458$$

$$\Rightarrow 337 + y = 458$$

Wir subtrahieren die Zahl 337.

$$\Rightarrow y = 121$$

Die beiden gesuchten Zahlen lauten also x = 337 und y = 121. Deren Summe beträgt 337 + 121 = 458 und ihre Differenz 337 – 121 = 216.

Tim und Tom

Tim ist doppelt so alt wie sein Bruder Tom.

Zusammen haben die beiden 42 Jahre auf dem Buckel.

Nun, wie alt sind Tim und Tom? Wieder bemühen wir lineare Gleichungen. Da die Namen der beiden so kurz sind, verwende ich sie kurzerhand als Variablen für deren Alter. Das macht die Sache übersichtlicher.

Tim ist doppelt so alt wie sein Bruder Tom.

$$\Rightarrow \text{Tim} = 2 \cdot \text{Tom}$$

Zusammen haben die beiden 42 Jahre auf dem Buckel.

$$\Rightarrow \text{Tim} + \text{Tom} = 42$$

Somit haben wir das folgende System. Eine der Gleichungen hat Normalform. Die andere steht in allgemeiner Form. Wir wenden das Einsetzungsverfahren an.

$$\text{Tim} = 2 \cdot \text{Tom}$$

$$\text{Tim} + \text{Tom} = 42$$

Die Information der ersten Gleichung nutzen wir, indem wir den Ausdruck $2 \cdot \text{Tom}$ in die Variable Tim der zweiten Gleichung einsetzen.

$$\text{Tim} + \text{Tom} = 42$$

$$\Rightarrow 2 \cdot \text{Tom} + \text{Tom} = 42$$

$$\Rightarrow 3 \cdot \text{Tom} = 42$$

$$\Rightarrow \text{Tom} = 14$$

Da der ältere Bruder, Tim, doppelt so alt ist wie sein jüngerer Bruder, ergibt sich:

$$\text{Tim} = 2 \cdot \text{Tom}$$

$$\Rightarrow \text{Tim} = 2 \cdot 14 = 28$$

Tim ist also 28 Jahre alt und Tom ist 14 Jahre alt.

Zusammen haben sie 42 Jahre auf dem Buckel.

Chips und Schokolade

Einmal kaufte Tim 4 Tüten Chips und 2 Tafeln Schokolade und bezahlte dafür 11,80 Euro.

Tom hingegen kaufte 2 Tüten Chips und 4 Tafeln Schokolade und musste dafür 9,80 Euro hinlegen.

Was kostete eine Tüte Chips und was kostete eine Tafel Schokolade?

Ich wähle die Variable C für die Tüten Chips und die Variable S für die Tafeln Schokolade. Dann ergibt sich das folgende System.

$$4C + 2S = 11,80$$

$$2C + 4S = 9,80$$

Um die sinnvolle Addition der Gleichungen vorzubereiten, multipliziere ich die zweite Gleichung mit -2, damit wir als Faktor vor dem C eine -4 erhalten.

$$2C + 4S = 9,80$$

$$\Rightarrow -4C - 8S = -19,60$$

Ich schreibe das System wieder hin und addiere.

$$4C + 2S = 11,80$$

$$-4C - 8S = -19,60$$

$$\Rightarrow -6S = -7,80$$

Aha, -6 Tafeln Schokolade kosteten also -7,80 Euro. Was auch immer das bedeuten soll? Solange wir ein sinnvolles Endergebnis erhalten, ist mir das recht egal. Und das erhalten wir. Wir dividieren durch -6.

$$-6S = -7,80$$

$$\Rightarrow S = 1,30$$

Schon besser.

1 Tafel Schokolade kostete 1,30 Euro.

Ich verwende die erste der beiden obigen Ausgangsgleichungen und berechne noch den Preis der Chips.

$$4C + 2S = 11,80$$

$$\Rightarrow 4C + 2 \cdot 1,30 = 11,80$$

$$\Rightarrow 4C + 2,60 = 11,80$$

Subtraktion der Zahl 2,60.

$$\Rightarrow 4C = 9,20$$

Division durch 4.

$$\Rightarrow C = 2,30$$

Damit haben wir auch den Preis der Chips berechnet.

1 Tüte Chips kostete 2,30 Euro.

Kühe und Hühner

Bauer Franz zählte sowohl Kühe als auch Hühner zu seinem Besitz. Als er einmal gefragt wurde, wie viele Kühe und Hühner er sein Eigen nenne, antwortete er mit einem Rätsel. Er sprach:

Insgesamt besitze ich 80 Tiere (Kühe und Hühner). *Diese haben 200 Beine.*

Gesucht sind die Zahl der Kühe und die Zahl der Hühner. Als Variablen wähle ich die Buchstaben K und H.

Die erste Gleichung, die wir aufzustellen haben, betrifft die Gesamtzahl der Tiere.

$$K + H = 80$$

Die zweite Gleichung, die wir aufstellen, betrifft die Gesamtzahl der Beine der Tiere.

$$4K + 2H = 200$$

Kühe haben gewöhnlich 4 Beine und Hühner 2 Beine. Daher die Faktoren 4 und 2 vor den Variablen.

Damit haben wir ein System linearer Gleichungen.

$$K + H = 80$$

$$4K + 2H = 200$$

Bevor du weiterliest, studiere bitte das Kapitel über die **Determinanten**. Denn diese kommen hier zum Zug.

$$K + H = 80$$

$$4K + 2H = 200$$

Wir berechnen die Determinanten D, D_K und D_H.

$$D = \begin{vmatrix} 1 & 1 \\ 4 & 2 \end{vmatrix} = 1 \cdot 2 - 4 \cdot 1 \qquad = 2 - 4 \qquad = -2$$

$$D_K = \begin{vmatrix} 80 & 1 \\ 200 & 2 \end{vmatrix} = 80 \cdot 2 - 200 \cdot 1 = 160 - 200 = -40$$

$$D_H = \begin{vmatrix} 1 & 80 \\ 4 & 200 \end{vmatrix} = 1 \cdot 200 - 4 \cdot 80 = 200 - 320 = -120$$

$$\Rightarrow K = \frac{D_K}{D} = \frac{-40}{-2} = 20$$

$$\Rightarrow H = \frac{D_H}{D} = \frac{-120}{-2} = 60$$

Bauer Franz besaß demnach 20 Kühe und 60 Hühner.

Insgesamt 80 Tiere mit $20 \cdot 4 + 60 \cdot 2 = 200$ Beinen.

Dieselauto oder Benziner

Herr Huber überlegt, ob er sich einen Diesel oder einen Benziner kaufen soll. Der Kaufpreis des Diesels beträgt 23500 Euro, der des Benziners 21700 Euro. Pro Jahr muss er beim Benziner Kosten in Höhe von 1500 Euro einplanen. Der Diesel hingegen kostet ihn jährlich 1200 Euro.

Herr Huber möchte wissen, nach wie vielen Jahren die Gesamtkosten des Benziners die des Diesels übersteigen. Kannst du ihm helfen?

Aufgrund deiner mittlerweile erlangten Kenntnisse über lineare Gleichungssysteme, findest du schnell den Ansatz die Aufgabe zu lösen. Du erkennst, dass die Gesamtkosten der Autos (in Euro) von der Zeit (in Jahren) abhängen. Die jeweiligen Kaufpreise stellen fixe Kosten dar. Sie fallen einmalig an. Die jährlichen Kosten hingegen sind mit der Anzahl der Jahre, die vergehen, zu multiplizieren. Diese Überlegungen führen dich auf das folgende System.

$$d(x) = y = 1200x + 23500 \text{ (Diesel)}$$

$$b(x) = y = 1500x + 21700 \text{ (Benziner)}$$

Da beide Gleichungen Normalform haben, verwendest du das Gleichsetzungsverfahren.

$$\Rightarrow 1200x + 23500 = 1500x + 21700$$

Subtraktion von 1200x.

$$\Rightarrow 23500 = 300x + 21700$$

Subtraktion von 21700.

$$\Rightarrow 1800 = 300x$$

Division durch 300.

$$x = 6$$

Nach 6 Jahren übersteigen also die Gesamtkosten des Benziners die Gesamtkosten des Diesels.

Determinanten

In diesem letzten Kapitel, das quasi ein Bonuskapitel darstellt, wenden wir uns nochmal dem 1. Fall der linearen Gleichungssysteme zu.

Wenn die beiden linearen Gleichungen jeweils in allgemeiner Form gegeben sind, können wir das System auch recht bequem mit den sogenannten Determinanten berechnen. Vorausgesetzt, es ist überhaupt lösbar.

Ich spreche hier von einem Bonuskapitel, da, soweit ich sehe, die Determinante als Begriff und Thema in der Sekundarstufe I nur noch selten behandelt wird.

Ich werde daher auch nur die Vorgehensweise erläutern, ohne diese näher zu begründen. Glücklicherweise fällt mir gerade zufällig ein gutes Beispiel ein, das uns dazu dienen wird, diese Berechnungsmethode der Lösung eines linearen Gleichungssystems mithilfe von Determinanten kennenzulernen.

$$8x - 4y = 10$$

$$5x + 2y = 12$$

Das ist das System und das ist das Beispiel.

Also nochmal, damit wir es vor Augen haben.

$$8x - 4y = 10$$

$$5x + 2y = 12$$

Beachte, dass beide Gleichungen in allgemeiner Form vorliegen. Das ist hier und jetzt dringend notwendig. Beachte auch, dass die Variablen in derselben Reihenfolge stehen. Hier zuerst x und dann y.

Nun bilde ich der Reihe nach drei Determinanten und nenne diese D, D_X und D_Y.

Sieh' genau hin, was ich mache.

$$D = \begin{vmatrix} 8 & -4 \\ 5 & 2 \end{vmatrix} = 8 \cdot 2 - 5 \cdot (-4) = 16 + 20 = 36$$

Gecheckt? Ich habe zunächst die Koeffizienten der Variablen in ein rechteckiges Zahlenschema gebracht. Dann habe ich diagonal multipliziert. Zunächst die Hauptdiagonale von oben links nach unten rechts, dann die Nebendiagonale von unten links nach oben rechts. Schließlich habe ich das Produkt der Nebendiagonalen von dem Produkt der Hauptdiagonalen subtrahiert.

Nun müssen wir die beiden Determinanten D_X und D_Y berechnen. Ich schreibe die Zahlenschemata erst einmal hin und erläutere sie dann.

$$D_X = \begin{vmatrix} 10 & -4 \\ 12 & 2 \end{vmatrix} \text{ und } D_Y = \begin{vmatrix} 8 & 10 \\ 5 & 12 \end{vmatrix}$$

$$D_x = \begin{vmatrix} 10 & -4 \\ 12 & 2 \end{vmatrix} \text{ und } D_y = \begin{vmatrix} 8 & 10 \\ 5 & 12 \end{vmatrix}$$

Wie habe ich diese Determinanten gebildet?

Ausgegangen bin ich von der Determinante D.

Aus dieser ergaben sich die Determinanten D_x und D_y.

$$D = \begin{vmatrix} \mathbf{8} & -4 \\ \mathbf{5} & 2 \end{vmatrix} \Rightarrow D_x = \begin{vmatrix} \mathbf{10} & -4 \\ \mathbf{12} & 2 \end{vmatrix}$$

$$D = \begin{vmatrix} 8 & \mathbf{-4} \\ 5 & \mathbf{2} \end{vmatrix} \Rightarrow D_y = \begin{vmatrix} 8 & \mathbf{10} \\ 5 & \mathbf{12} \end{vmatrix}$$

Die Determinante D_x bildete ich, indem ich die beiden Koeffizienten 8 und 5 der Variablen x durch die Zahlen 10 und 12 ersetzte.

Diese Zahlen 10 und 12 bilden ja gerade die rechten Seiten der beiden Gleichungen.

Die Determinante D_y bildete ich, indem ich die beiden Koeffizienten -4 und 2 der Variablen y durch die Zahlen 10 und 12 ersetzte.

Nachdem wir die Bildung dieser Determinanten geklärt haben, können wir sie berechnen.

$$D_x = \begin{vmatrix} 10 & -4 \\ 12 & 2 \end{vmatrix} = 10 \cdot 2 - 12 \cdot (-4) = 20 + 48 = 68$$

$$D_y = \begin{vmatrix} 8 & 10 \\ 5 & 12 \end{vmatrix} = 8 \cdot 12 - 5 \cdot 10 = 96 - 50 = 46$$

Also ist $D_x = 68$ und $D_y = 46$.

Nach der *Cramerschen Regel* können wir nun die Koordinaten x und y des Schnittpunkts der beiden Geraden auf folgende Art und Weise berechnen.

$$x = \frac{D_X}{D} = \frac{68}{36} = \frac{17}{9} = 1,\overline{8}$$

$$y = \frac{D_Y}{D} = \frac{46}{36} = \frac{23}{18} = 1,2\overline{7}$$

Somit hat das lineare Gleichungssystem

$$8x - 4y = 10$$

$$5x + 2y = 12$$

die Lösungsmenge $\mathbb{L} = \{(1,\overline{8} | 1,2\overline{7})\}$. Die beiden Geraden haben den Schnittpunkt $S(1,\overline{8} | 1,2\overline{7})$.

Ein weiteres Beispiel halte ich hier nicht für notwendig. Das Prinzip sollte klar geworden sein.

Anmerken möchte ich, dass ein System von zwei linearen Gleichungen in allgemeiner Form genau dann eindeutig lösbar ist, wenn die Determinante D nicht gleich 0 ist.

Gilt hingegen D = 0, dann verlaufen die beiden Geraden entweder parallel zueinander (echt parallel), oder sie sind identisch.

(Für dich geht's jetzt zurück zu Bauer Franz.)

Das war's. Habe fertig. Aber es folgt ein Nachwort.

Epilog

Epilog heißt so viel wie Nachwort. Klingt nur etwas gescheiter, finde ich.

Dieses Buch ist ein wenig umfangreicher geworden, als ich anfänglich vermutet habe. Dies liegt wohl daran, weil ich meist recht ausführlich, um nicht zu sagen langatmig, kommentiert und erläutert habe.

Ich hoffe sehr, dass du bis hierher durchgehalten hast und dir - in Ergänzung des Schulunterrichts - das eine oder andere Detail etwas klarer vor die Augen getreten ist.

Ja, ich hege die kühne Hoffnung, dass dir die Lektüre dieses Buches sogar ein wenig Spaß gemacht hat. Zumindest habe ich mich bemüht, in einem eher lockeren Stil zu formulieren.

Für konstruktive Kritik bin ich aber auch offen. Vielleicht hat dir dieses Buch ja auch nicht so gut gefallen. Dann kannst du mir gern deine Anregungen mitteilen.

Im Internet kannst du mich besuchen auf meiner Homepage www.lerntraining-mathematik.de.

So wünsche ich dir weiterhin alles Gute.